DEEP
SPACE

DEEP SPACE

Dirk H. Lorenzen

Blick an den Rand des Universums

Bildnachweis

ESO (European Southern Observatory, Europäische Südsternwarte): Seite 6/7, Seite 14, Seite 15, Seite 16/17, Seite 22/23, Seite 24/25, Seite 26 links, Seite 26/27, Seite 28, Seite 29, Seite 32 links, Seite 34 rechts, Seite 36 unten, Seite 38/39, Seite 40, Seite 41, Seite 42 links, Seite 42 rechts/Seite 43, Seite 44/45, Seite 49 links, Seite 49 rechts, Seite 50/51, Seite 53, Seite 54 links oben, Seite 54 rechts/Seite 55, Seite 59, Seite 62 oben, Seite 63, Seite 66/67, Seite 70, Seite 71, Seite 72, Seite 73, Seite 74/75, Seite 82/83, Seite 84, Seite 85, Seite 87, Seite 88/89, Seite 90 oben, Seite 92/93, Seite 94 oben, Seite 94 unten, Seite 106, Seite 108 links, Seite 108 rechts, Seite 109, Seite 122/123, Seite 132/133, Seite 134/135 unten, Seite 142 links, Seite 143, Seite 144, Seite 145 alle, Seite 148/149 links, Seite 149 rechts, Seite 153

NASA/HST (National Aeronautics and Space Administration / Hubble Space Telescope): Vorsatz, Seite 8/9, Seite 10/11, Seite 12/13, Seite 30/31, Seite 32 rechts/33, Seite 34 links, Seite 35, Seite 36 oben, Seite 37, Seite 46/47 oben, Seite 47 unten, Seite 54 links unten, Seite 60/61, Seite 68 oben, Seite 68 unten, Seite 76 alle, Seite 77 alle, Seite 78/79, Seite 80/81 oben, Seite 80/81 unten, Seite 90 unten links, Seite 90 unten rechts, Seite 91, Seite 97, Seite 98 links, Seite 100/101, Seite 103, Seite 104/105 alle, Seite 120, Seite 121, Seite 124/125, Seite 126, Seite 127 alle, Seite 134/135 oben, Seite 138/139 alle, Seite 146, Seite 147, Seite 150/151, Seite 156/157

Taraz: Seite 18

Lorenzen: Seite 20/21

Subaru Telescope/NAOJ (National Astronomical Observatory of Japan): Seite 52, Seite 98 rechts, Seite 102

NASA/ADF/GSFC (National Aeronautics and Space Administration / Astrophysics Data Facility / Goddard Space Flight Center): Seite 56/57

NASA/CXC/SAO (National Aeronautics and Space Administration / Chandra): Seite 62 unten, Seite 64, Seite 86, Seite 142 rechts, Seite 130/131

NASA/NRAO (National Aeronautics and Space Administration / National Radio Astronomy Observatory): Seite 96

BeppoSAX/SDC (Science Data Center): Seite 110/111 alle, Seite 112

BeppoSAX/SDC/SRON (Science Data Center / Space Research Organization Netherlands): Seite 114/115 alle

Caltech GRB Team/W. M. Keck Observatory: Seite 116 links, Seite 116 rechts

NASA/ROTSE Collaboration (University of Michigan, Los Alamos and Lawrence Livermore National Laboratories): Seite 118/119 alle

The 2dF Galaxy Redshift Survey Team: Seite 128

NASA/Boomerang Collaboration: Seite 129

Mücket/AIP (Astrophysikalisches Institut Potsdam): Seite 137 oben, Seite 137 unten

Andrey Kravtsov (graphics/visualization) und Andrey Kravtsov/Anatoly Klypin (numerical simulation): Seite 140/141 alle

Sloan Digital Sky Survey Collaboration: Seite 155

© 2000 Franckh-Kosmos Verlags-GmbH & Co., Stuttgart
Alle Rechte vorbehalten
ISBN 3-440-08436-1
Umschlaggestaltung: eStudio Calamar
unter Verwendung von Fotos des Very Large Telescope (ESO)
Lektorat: Harro Schweizer
Layout & Satz: eStudio Calamar
Satztechnik, Bildbearbeitung: Typomedia GmbH, Ostfildern
Druck und Bindung: Egedsa, Sabadell
Printed in Spain

Inhalt

Einleitung	**6**
Teleskope, Daten, Theorien Die Astronomie am Beginn einer neuen Ära?	**10**
Wenn es dunkel wird in Chile Astronomen auf Nachtschicht	**16**
Wenn Teleskope Raumsonden spielen Blick auf unsere kosmische Heimat	**30**
Überall Staub! Wenn aus Dreck Sterne werden	**38**
„Star-Way to Heaven" Der sternige Weg ins All	**50**
Supernovae: kurz, aber heftig Werkzeuge, die die Welt bewegen	**60**
Planetarische Nebel: Sonne & Co. Langweilig leben, in Schönheit sterben	**74**
Von Riesenspiralen und Zwergellipsen Im Reich der Galaxien	**82**
Wenn sich die Bilder biegen Gravitationslinsen, Einsteins Raumkrümmung	**100**
Irrlichter aus den Tiefen des Kosmos Wie BeppoSAX die Gamma Ray Bursts erwischte	**110**
So weit die Photonen tragen Blick in die Anfänge des Universums	**122**
Strahlen ist Silber, Absorbieren ist Gold Wenn Quasare das All durchleuchten	**134**
Erst die Messung – und dann ...? Aufbruch zu kosmischen Entdeckungsfahrten	**150**
Quellen	**156**
Glossar	**158**

Einleitung

Spiralgalaxie NGC 2997 in der Nacht vor der VLT-Einweihung (5. März 1999). Als das bis dahin schärfste Bild des neuen Teleskops an die Wand des Festzelts projiziert wurde, kannte der euphorische Jubel der Festgäste keine Grenzen. Die Galaxie ist 55 Millionen Lichtjahre entfernt – dort entspricht der Bildausschnitt 45 000 mal 50 000 Lichtjahren.

Vor bald vier Jahrhunderten hat Galileo Galilei als einer der Ersten sein Fernrohr an den Himmel gerichtet. Seit 1610 bestaunt der Mensch den Kosmos nicht mehr nur mit bloßen Augen: Damals zeigte der Mond mit einem Mal Berge und Täler, Venus offenbarte ihre Phasengestalt, Jupiter wurde von vier Monden umkreist und das silberne Band der Milchstraße entpuppte sich als Ansammlung unzähliger Sterne.

Heute sind aus den erbärmlichen Linsenfernröhrchen Galileis Hightech-Spiegelteleskope geworden – doch ob weiland Galilei oder heute moderner Astronom: Die Aufgabe des Teleskops, die Erwartung an das technische Hilfsmittel hat sich nicht verändert – neue Teleskope fangen immer ein bisschen mehr vom schwachen Leuchten der Himmelskörper ein und lassen uns so immer besser und immer tiefer in das Universum blicken. Jedes neue Teleskop schiebt die Grenze unserer Erkenntnis ein bisschen weiter hinaus. Jedes neue Teleskop erweitert buchstäblich unseren Horizont – das ist heute noch genauso wie vor vierhundert Jahren. Lediglich die räumlichen Dimensionen haben sich „ein wenig" verändert. Das Planetensystem, in dem Galilei seine spektakulärsten Entdeckungen gemacht hat, ist schon kaum noch astronomisch interessant. Für Mars, Jupiter, Saturn & Co. fühlen sich die Astronomen schon lange nicht mehr zuständig: Zu den Planeten fliegen inzwischen Raumsonden, deren Daten dann Geologen und Meteorologen verzücken oder – ob der völlig unerklärlichen Phänomene – verzweifeln lassen.

Was damals „Deep Space" – der „tiefe Weltraum" – war, ist längst kosmischer Vorgarten. Wenn sich Astronomen heute noch mit Planeten beschäftigen, dann eher mit den planetaren Begleitern fremder Sterne in unserer Nähe. Selbst unser Milchstraßensystem ist für viele Forscher nur noch insoweit von Interesse, als die hier gemachten Untersuchungen dem Verständnis viel weiter entfernter Galaxien dienen.

Ausgrabungen in Raum und Zeit

Die neue Generation von Großteleskopen mit raffinierten optischen Systemen blickt Milliarden von Lichtjahren hinaus ins All – Astronomen beobachten Vorgänge in den Tiefen des Kosmos, die stattgefunden haben, lange bevor unsere Sonne mit ihren Planeten entstanden ist. Das Licht dieser entfernten Objekte erreicht uns erst jetzt. Wer zehn Milliarden Lichtjahre weit hinaus in den „Deep Space" blickt, der blickt also auch zehn Milliarden Jahre in der Zeit zurück – „Deep Space" ist zugleich auch „Deep Time". Astronomen sind längst zu Historikern unserer eigenen Vergangenheit geworden – Großteleskope, die mit ihren modernen Messinstrumenten der aus der Frühzeit des Kosmos zu uns gelangenden Strahlung noch die letzten Geheimnisse entreißen, sind gleichsam Spatel und Handpinsel bei den kosmologischen Ausgrabungen in Raum und Zeit.

Jetzt, da der jahrzehntelange De-facto-Stillstand beim Bau von Teleskopen triumphal überwunden ist und die neue Technologie der Teleskope den Rand von Raum und Zeit beobachtbar machen, haben die Astronomen mit einem Mal Daten zur Hand, von denen sie vor zwanzig Jahren nicht einmal zu träumen gewagt hätten. Und wie zu Galileis Zeiten ist die Verwirrung groß. Manche lieb gewonnene Vorstellung, manch schönes Modell ist unter der Menge und Qualität der neuen Daten schlicht zusammen gebrochen. Was kommt danach? Welche Idee kann die Beobachtungen in eine schlüssige Theorie einbinden? Wie vor vierhundert Jahren sind die Astronomen dank der neuen Teleskoptechnik gerade wieder am Beginn einer großen „Ära der Entdeckungen", so jubelt die Europäische Südsternwarte (ESO).

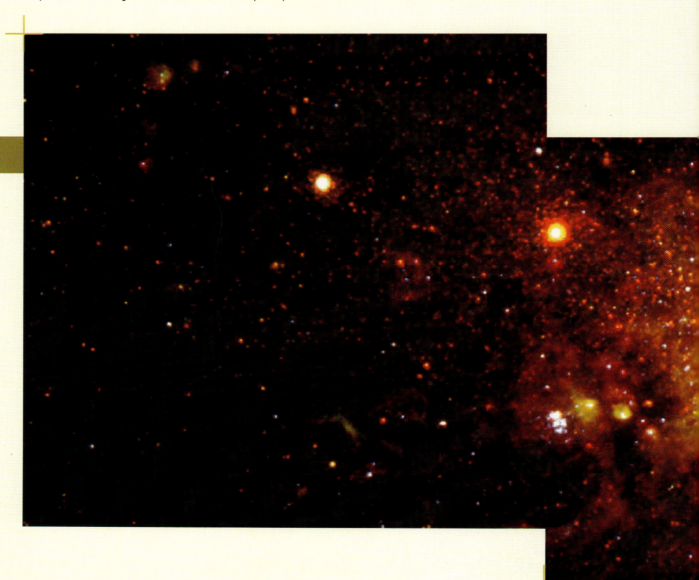

Vom Blauen Planeten aus gucken und staunen

Wie wir jetzt sehen – und endlich können wir es sehen (und es nicht nur vermuten oder darüber spekulieren) –, tut sich enorm viel im „Deep Space". Die Astronomen gehen mit Hochdruck daran, den Geheimnissen am Rand von Raum und Zeit zu Leibe zu rücken. Sie ersinnen stets neue Methoden, dem Hauch eines Leuchtens, das wir als Strahlung der Himmelskörper gerade noch empfangen können, eine grandiose Fülle von Informationen abzuringen. Lassen Sie sich verzaubern von der geradezu bewegenden Schönheit des Kosmos! Erleben Sie, wie dieselbe Ehrfurcht gebietende Natur, wie dieselbe Physik, die einen Baum erblühen oder einen Marienkäfer fliegen lässt, ganze Sternhaufen aufleuchten und gewaltige Galaxien umeinander kreisen lässt – mit einer Leichtigkeit, die dem Menschen schnell seine Grenzen zeigt: Astronomen dürfen immerhin betrachten, was die Natur im Kosmos passieren lässt.

Während zwischen Biologe und Frosch noch so etwas wie eine Wechselwirkung existiert (meist mit einem zu Ungunsten des Frosches verschobenen Machtverhältnis), bleibt den Astronomen die Rolle des reinen Zuschauers – Astronomie ist das Empfangen und Analysieren des aus dem All zu uns gelangenden Lichts (genauer der elektromagnetischen Strahlung). Vorgänge im Kosmos lassen sich nicht beeinflussen – unser Wissen vom All bedarf genialer Ideen, die die Beobachtungen unseres kosmischen Eintagsfliegen-Daseins in einem großen Bild der Erkenntnis vereinen.

Erleben Sie die Faszination der ältesten und doch immer wieder auf ihre Art aktuellsten Wissenschaft der Welt. Kommen Sie mit auf eine Reise in die Tiefen des Universums! Tauchen Sie ein in die Vergangenheit des Kosmos – die auch Ihre eigene Vergangenheit ist, der Sie unmittelbar Ihre Existenz verdanken.

Der „Deep Space" erwartet Sie!

In der Galaxie NGC 4214 – 13 Millionen Lichtjahre entfernt – entstehen derzeit ungewöhnlich viele Sterne. Der hellste Haufen unterhalb der Bildmitte enthält hunderte massereicher Sterne, die eine herzförmige Blase in das umgebende Gas getrieben haben. (HST)

Teleskope, Daten, Theorien
Die Astronomie am Beginn einer neuen Ära?

Der Schlüsselloch-Nebel gehört zu einem großen Komplex aus Gas- und Staubwolken, der einige der leuchtkräftigsten und massereichsten Sterne enthält. (HST)

Der Astronomie steht ein aufregendes und höchst interessantes Jahrzehnt bevor. Dabei verbietet sich bei der ältesten Wissenschaft der Welt das alberne Beschwören von Jahrhunderten oder gar Jahrtausenden, wie es derzeit bei fast jedem noch so unsinnigen Anlass üblich ist. Vor tausend Jahren lebte die Menschheit astronomisch im Idyll des kleinen Planetensystems mit der Erde im Zentrum, vor hundert Jahren war an dessen Stelle das heute geradezu rührend naive Bild der einzigartigen Milchstraße mit der Sonne im Zentrum (immer noch – 350 Jahre nach Kopernikus) getreten – von all dem ist nichts, aber auch gar nichts übrig geblieben. Was wird in hundert Jahren von unserer heutigen Astronomie noch Gültigkeit haben? Sicher nicht sehr viel mehr.

Spiegel-Nutzer wissen mehr

Dass die Astronomen tatsächlich am Beginn einer neuen Ära der Entdeckungen stehen, liegt nicht an der Jahrtausendwende, sondern ganz profan an neuen Teleskopen, genauer: an neuer Teleskop-Technologie. Moderne Spiegelteleskope werden nicht mehr einfach nur „groß" gebaut – wie das viele Jahrzehnte hindurch der Fall war. Heute ist nicht allein der Spiegeldurchmesser entscheidend, es geht vor allem um die „Intelligenz" des Teleskops, das heißt, wie es mit dem wenigen einfallenden Licht aus den Tiefen des Alls umgeht.

Plötzlich gelangen Objekte und Phänomene in die technische Reichweite der Beobachtungen, die die Astronomen noch vor zwanzig Jahren für völlig unbeobachtbar hielten. War es vor zehn Jahren das Hubble-Weltraumteleskop, so sorgt derzeit das Very Large Telescope (VLT) der ESO für ganz neue Blicke in den Kosmos.

Praktisch alle Bereiche der Astronomie stehen in den kommenden Jahren vor einem Umbruch, weil neue Beobachtungen einige alte Fragen beantworten, vor allem aber viele neue Fragen aufwerfen werden.

Die Kosmologie, jener Teilbereich der Astronomie, der sich mit dem Universum als ganzem, mit seinem Aufbau, seiner Entstehung und Entwicklung beschäftigt, ist von einer eher belächelten – weil keinen direkten Beobachtungen zugänglichen – Disziplin zu einem der heißesten Themen moderner Astronomie geworden. Vor zwanzig Jahren von Spöttern noch eher der Theologie zugerechnet, ist heute fast alles irgendwie Kosmologie. Denn immer deutlicher zeigt sich, dass wir die Entstehung der ersten Strukturen im Universum kurz nach dem Urknall nur verstehen können, wenn wir die Prozesse in unserer eigenen Galaxie – der Milchstraße – verstehen.

Blick bis an den Rand des Universums

Die Grundidee eines sich seit dem Urknall ausdehnenden Kosmos ist heute weitestgehend unumstritten. Der Kosmos ist vor etwa 15 Milliarden Jahren aus einem extrem heißen und extrem dichten Zustand hervorgegangen und dehnt sich seitdem aus. So weit – so gut. Doch schon bei ersten Details fängt das Stochern im Nebel an. Wann sind die ersten Galaxien entstanden? Lange Zeit wähnten die Astronomen in den ersten paar Milliarden Jahren des Universums die „dark ages" – die dunklen, weil noch sternlosen Zeitalter. Von dieser Vorstellung ist in den letzten Jahren nicht viel übrig geblieben – wobei den Astronomen völlig unklar ist, wie sich Sterne innerhalb der ersten halben Milliarde Jahre des Universums bilden konnten. Theorie und Modelle hinken weit hinter den Beobachtungen her.

Buchstäblich weltbewegende Fragen gibt es mehr als genug. Wie haben sich die heutigen Galaxien, wie die Milchstraße gebildet? Waren gewaltige Schwarze Löcher die Keimzellen der Galaxien? Wie haben sich die großräumigen Strukturen im Weltall geformt? Heute ist das Universum hoch strukturiert, aber kurz nach dem Urknall war es fast ein Einheitsbrei. Welche Rolle spielt die geheimnisvolle Dunkle Materie, die nicht direkt zu sehen ist, die sich aber durch ihre Anziehungskraft auf sichtbare Objekte verrät? Wie wird es dem Universum in der Zukunft ergehen? Wird sich der Kosmos auf ewig ausdehnen? Oder kommt eines sehr fernen Tages die Ausdehnung zum Stehen? Schließt sich dann ein großer Kollaps an, gewissermaßen ein „Urknall rückwärts"?

Treibt das All immer schneller auseinander?

Eines der „Werkzeuge" für diese Untersuchungen sind so genannte Supernovae, die Explosionen sehr massereicher Sterne an ihrem Lebensende. Supernova-Beobachtungen deuten seit einigen Jahren darauf hin, dass das Universum nicht etwa langsamer wird, sondern sich immer schneller ausdehnt. Eine völlig verblüffende Erkenntnis, die das US-Wissenschaftsmagazin Science zum „Durchbruch des Jahres 1998" erklärt hat. Doch wie sicher sind diese Daten? Liefen Supernovae vor acht Milliarden Jahren genauso ab wie heute? Dazu beobachten Forscher nicht nur die sehr weit entfernten und damit recht schwach erscheinenden Supernovae am Rande des Alls; dem Verständnis auf die Sprünge helfen sollen jetzt „nahe" Supernovae, die nur einige Hundert Millionen Lichtjahre entfernt sind. Und wenn das alles stimmt – was steckt dann physikalisch hinter der zusätzlichen Ausdehnung? Welche Macht treibt den Kosmos auf ewig und immer schneller auseinander?

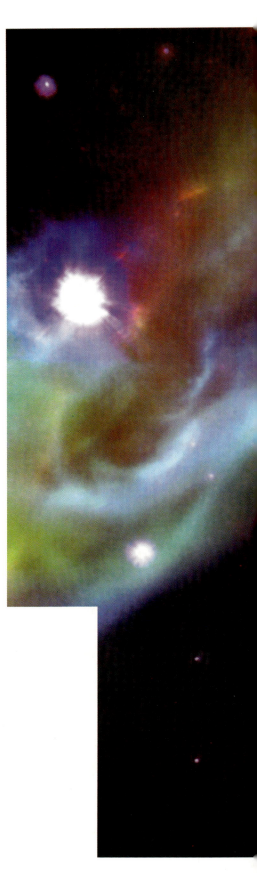

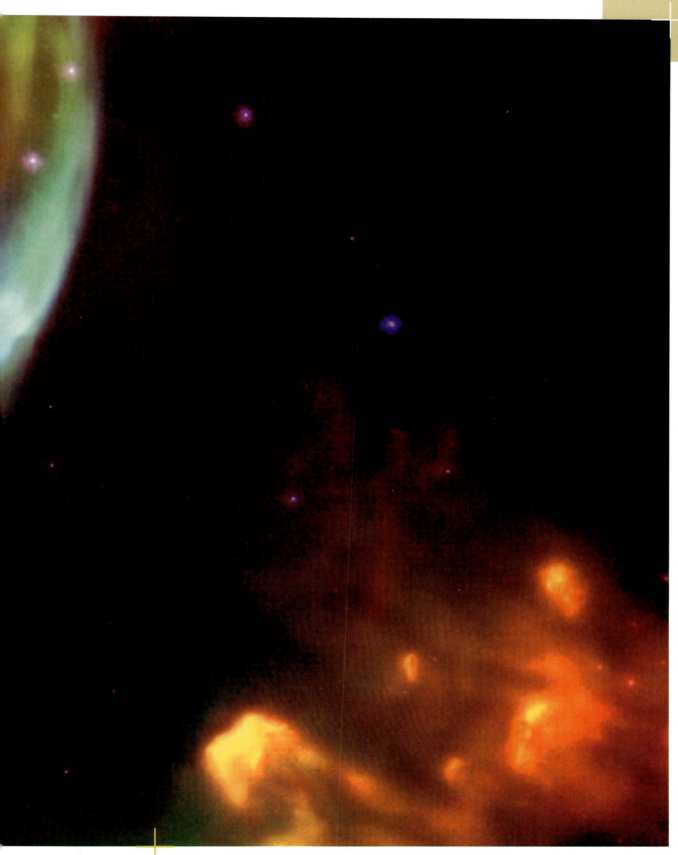

Der helle massereiche Stern links formt mit seiner Strahlung den Blasen-Nebel NGC 7635 und regt das Gas rechts unten zum Leuchten an. Der Nebel hat einen Durchmesser von zehn Lichtjahren. (HST)

Vor der Beantwortung der „großen" Fragen gibt es noch manch „profanes" Detail zu klären, das viele schon gerne als abgehakt ansehen möchten. Ein ganz banales Beispiel: Wie entstehen Sterne? Nach gängiger Vorstellung stürzen riesige Gas- und Staubwolken zusammen, zerfallen dabei in einzelne Wolken, in deren Innern schließlich Sterne zünden. Details dieser Vorgänge sind – wieder einmal – zum größten Teil unverstanden. Wie lange dauert dieser Prozess? Woraus muss so eine Wolke bestehen, um wirklich zum Stern werden zu können? Woher kommt das Material? Mit welchen Massen entstehen Sterne? Wo kommt es überhaupt noch zur Entstehung neuer Sterne? Wie entwickeln sich Sterne, wie enden sie? Diesen Fragen gehen die Forscher mit Beobachtungen in unserer Milchstraße oder in Nachbargalaxien nach – aber auch sie hängen unmittelbar mit den Fragen nach der Vergangenheit und Zukunft des Kosmos zusammen.

Wo sind die Geschwister der Erde?

Sind Planeten normale „Dreingaben" der Sternentstehung? Haben auch viele andere Sterne Planeten? Oder ist unsere Sonne ein kosmischer Sonderling? Sind Planeten wie unsere Erde kosmische Dutzendware? Oder entstehen doch eher die Jupiters, die letztlich nur – weil zu leicht – verhinderte Sterne sind? Gibt es auch überall sonst im Universum die für unser Leben so wichtigen chemischen Stoffe wie Wasser, Kohlenstoff und Sauerstoff? Wo sind die Geschwister der Erde?

In diesem Zusammenhang sind selbst die Objekte am Rande unseres Sonnensystems von Interesse. Denn da draußen in Plutos Gefilden tummeln sich viele kleine Eisbrocken, Reste aus der Entstehungszeit des

M 83 ist ein besonders schönes Beispiel einer Spiralgalaxie. Sie ist 15 Millionen Lichtjahre entfernt – am Ort der Galaxie beträgt die Kantenlänge des Bildes etwa 30 000 Lichtjahre. (VLT)

Sonnensystems – bestens konserviert im interplanetaren Gefrierfach. Woraus bestehen sie? Wie sind sie entstanden? Wo hört das Sonnensystem auf? All diese Objekte liefern wertvolle Informationen über Größe und Zusammensetzung jener Urwolke, aus der sich einst Sonne und Erde gebildet haben – vermutlich entstehen aus ganz ähnlichen Wolken noch heute viele Sterne irgendwo im Universum.

Ob es um die Entstehung von Sternen und Planeten geht, um die Bildung und Entwicklung von Galaxien oder um die Struktur des Kosmos insgesamt – die Astronomen befinden sich derzeit in einer etwas unkomfortablen, aber daher umso spannenderen Lage. Denn neue Beobachtungen decken schonungslos die heutigen Wissenslücken auf. In den vergangenen Jahrzehnten reichten -– mangels besserer Daten – recht grob geschnitzte Vorstellungen aus. Noch ist die Gemengelage etwas unübersichtlich.

Aber in den ersten Jahren des gerade beginnenden Jahrhunderts werden sich viele der überraschenden Beobachtungsdaten in ein neues grundlegendes Bild vom Kosmos einfügen. Nie zuvor standen so viele Instrumente zur Verfügung – nie zuvor war so viel „Spiegelfläche" auf die himmlischen Objekte gerichtet. Doch hoch gerüstete Technik allein reicht nicht. Teleskope sind immer nur so gut, wie die Astronomen, die sie benutzen – und die brauchen jetzt zündende Ideen. Dann – und nur dann – steht die Astronomie tatsächlich am Beginn einer neuen großen „Ära der Entdeckungen" oder, wie viele schwärmen, am Beginn eines „goldenen Zeitalters".

Wir alle dürfen gespannt sein: Denn es ist durchaus möglich, dass angesichts der neuen Einblicke in die Tiefen des Alls die Zeit schon bald reif ist für eine weitere Zeitenwende der Astronomie.

Im System ESO 202-G23 verschmelzen mindestens zwei Galaxien. Diese Kombination aus Infrarot- und optischer Aufnahme zeigt hell leuchtendes Gas und dunkle Staubmassen aus den früheren Spiralarmen. Die roten Objekte unten im Bild sind weit entfernte Galaxien im Hintergrund. (VLT)

Wenn es dunkel wird in Chile
Astronomen auf Nachtschicht

Im Osten brennt die Sonne über den Gipfeln der Anden, von Westen her sorgt das kühle Wasser des Humboldt-Stroms im Pazifik stets für eine erfrischende Brise, in den Straßen des im spanischen Kolonialstil erbauten Stadtzentrums tummeln sich die Menschen – ein ganz normaler Vormittag im malerischen La Serena in Chile, gut 400 Kilometer nördlich der Hauptstadt Santiago. La Serena, die Heitere, haben die Gründer die Stadt vor 450 Jahren genannt.

Einen wahrhaft heiteren Klang hat der Name dieser Stadt auch für diejenigen, die professionell in die Sterne schauen, denn für die Astronomen liegt das Paradies auf Erden in der Gegend von La Serena. Im Umkreis von 150 Kilometern haben sich gleich drei Großsternwarten angesiedelt. El Tololo war die erste Großsternwarte in Südamerika überhaupt und liegt etwas südwestlich der Stadt. Nordwestlich befinden sich das Observatorium Las Campanas und die größte astronomische Einrichtung in der Gegend, La Silla – betrieben von der Europäischen Südsternwarte ESO, einem Verbund aus acht europäischen Staaten und Chile.

Von La Serena aus folgt man der legendären Panamericana gen Norden. Nach knapp zwei Stunden Fahrt geht es rechts ab. Eine zum Teil recht holprige Piste führt nun nach Osten und erreicht bald das großflächige ESO-Gelände. Im Pelikan-Tal überquert der Wagen einen kleinen Bach, passiert das letzte Grün und müht sich dann auf der kurvenreichen Strecke nach oben – die gewaltigen Teleskop-Kuppeln erscheinen immer größer, thronen seltsam unwirtlich auf dem kargen Berg.

La Silla, „der Sattel", ist 2400 Meter hoch. Nach Westen reicht der Blick über kleinere Berge bis zum Pazifik – im Osten erstreckt sich die imposante Kette der Andengipfel. Das kühle Wasser im Westen und die hohen Berge im Osten verleihen Nordchile sein einzigartig stabiles Klima – ideal für astronomische Beobachtungen. La Silla zählt etwa 300 klare Nächte im Jahr.

Nicht weniger als 15 Teleskope drängeln sich auf dem Berg – allerdings sind längst nicht mehr alle im Einsatz. Wirtschaftliche Zwänge sorgten für manche wissenschaftliche Einschränkung. Etliche kleinere Teleskope sind schon dem Rotstift zum Opfer gefallen und liegen in einer Art Dornröschenschlaf.

Die vier Teleskope des VLT erwarten den Sonnenuntergang. Die Instrumente tragen Namen aus der Sprache der Mapuche, der ursprünglichen Bevölkerung Chiles. Vorne Yepun (Sirius), hinten von links nach rechts Antu (Sonne), Kueyen (Mond) und Melipal (Kreuz des Südens).

Über einer Kuppel von La Silla spannt sich der prachtvolle Südhimmel — auffällig das Kreuz des Südens mit den beiden hellen Zeigersternen.

Das größte Teleskop auf La Silla ist ein Spiegelteleskop mit 3,6 Metern Durchmesser. Das Instrument sitzt in einem wahren Palast – einer 50 Meter hohen Kuppel auf dem höchsten Punkt von La Silla, die bereits von der Panamericana aus mühelos zu erblicken ist.

„Sleeping Astronomers – quiet please!"

Tagsüber ist auf dem Berg wenig los. Ein paar Techniker warten die Instrumente – das ist alles. La Silla schläft am Tage, zumindest was die Astronomen angeht. Erst gegen 15 Uhr, wenn die Sonne noch gnadenlos vom Himmel brennt, beginnt für die „Visiting Astronomers", also die zum Beobachtungsbesuch auf dem Berg weilenden Wissenschaftler, der Arbeitstag, oder besser: die Arbeits-Nacht. Jeder Beobachter hat ein kleines spartanisch eingerichtetes Appartement, an dem bei Tage ein Schildchen „Sleeping Astronomers – quiet please!" hängt. Später am Nachmittag treffen sich die Astronomen meist mit der Teleskop-Crew und bereiten die nächtlichen Beobachtungen vor.

Gegen 18 Uhr sitzen dann alle in der rund um die Uhr geöffneten Kantine im Zentralgebäude, das sich etwas unterhalb der Teleskope an den Berghang duckt – das Abendessen, oder Frühstück (?), ruft. Bei Sonnenuntergang glühen die sanft geschwungenen, praktisch vegetationslosen Hügel und Berge in der Umgebung rot – am Nachbarberg steigt der Schatten La Sillas immer höher. Sogar die beiden größten Teleskop-Kuppeln zeichnen klar ihre Silhouette auf den braunen Berghang.

Spätestens wenn die helle Venus in der Dämmerung auftaucht, eilen die Astronomen zur Arbeit. Die nah gelegenen Teleskope lassen sich bequem zu Fuß erreichen. Schmale Wege aus Natursteinen – die Ränder weiß bemalt, damit sie in der Dunkelheit besser auffallen – führen durch Geröll und trockenes Gestrüpp über etliche Stufen zur Anhöhe der Teleskope. Den Astronomen an den weiter entfernten Teleskopen – die Kette der Kuppeln erstreckt sich auf La Silla über fast zwei Kilometer – stehen kleine PKWs zur Verfügung.

Arbeiten mit Teleskopen, nicht an ihnen

Die Kuppeln öffnen die Nachtassistenten schon während des Abendessens, damit sich die Teleskope auf Außentemperatur abkühlen. Nur wenn im Innern der Kuppel annähernd dieselbe Temperatur herrscht wie draußen, lassen sich sinnvolle Aufnahmen gewinnen. Bei starken Temperaturunterschieden gäbe es ständige Luftbewegungen zwischen Kuppel und Außenwelt – wabernde, unscharfe Sternbildchen wären die Folge.

Heutzutage arbeiten Astronomen nur noch mit Teleskopen, nicht mehr an ihnen – wirklich „mit dem Auge durchgucken", das ist schon lange passee. Astronomie à la Spitzweg gibt es heute nur noch im Amateurbereich. Jedes Teleskop hat seinen eigenen Kontrollraum, der mit vielen Computermonitoren eher an eine moderne Leitzentrale erinnert. Von hier aus steuern die Astronomen das Teleskop und fahren es auf die gewünschte Position am Himmel. Ist das Teleskop präzise auf das Beobachtungsobjekt ausgerichtet, beginnt die Belichtung.

In dieser Nacht stehen nahe Supernovae auf dem Plan – bis zu einer Stunde lang speichert das Instrument alle Lichtteilchen, die aus den Tiefen des Alls auf seinen Spiegel fallen. Die Stille der Nacht unterbricht in dieser Zeit nur die ächzend der Himmelsdrehung folgende Kuppel – wegen der Erddrehung gehen die Sterne genau wie die Sonne am Himmel auf und unter. Um auch bei langen Belichtungen scharfe Bilder zu bekommen, muss das Teleskop also den „wandernden" Sternen folgen. Ganz entsprechend muss sich dann auch die Teleskop-Kuppel von Zeit zu Zeit ein wenig drehen, damit das Teleskop auch wirklich durch den Spalt ins All und nicht irgendwann an die Innenseite der Kuppel blickt.

Gutes Wetter, schlechtes Wetter

Die in wunderbar intensiven Farbtönen über die Andenkette heraufziehende Dämmerung beendet schließlich die im Südwinter immerhin fast 14 Stunden lange Nacht auf La Silla – die Vorbereitung am Nachmittag mitgerechnet, dauert eine Beobachtungsschicht sogar bis zu 17 Stunden. Es sind schon alle Sterne am bläulichen Firmament verblasst, wenn sich die Teleskop-Kuppeln schließen. Während das tagsüber arbeitende Personal fröhlich zum Frühstück strömt, schleichen die übernächtigten Astronomen gegen acht Uhr ins Bett – und machen den Tag zur Nacht. Aber auch am Rand der Atacama-Wüste gibt es mal schlechtes Wetter. In der perfekten Dunkelheit von La Silla sind Wolken übrigens nur als buchstäblich schwarze Löcher am ansonsten sternenübersäten Firmament auszumachen. „Helle" Wolken, wie wir sie aus unseren nachts im Kunstlicht gleißenden Städten kennen, gibt es auf La Silla nur bei Mondschein.

Auch bei schlechtem Wetter harren die Astronomen an den Teleskopen aus und hoffen auf Besserung. Kein Wunder – denn Beobachtungszeit an den ESO-Teleskopen ist ein kostbares Gut, das stets nur knapp bemessen und nach strengen Regeln zugeteilt wird. Früher mag es in den Sternwarten noch den schönen Beruf des Observators gegeben haben, der auf dem Gelände gleich neben dem Teleskop wohnte – bei klarem Wetter brauchten sich die Observatoren nur die schweren Mäntel überzuziehen und konnten am Okular sogleich zur Tat schreiten. Heutzutage sieht das ein „bisschen" anders aus.

Wer theoretische Astronomie betreibt, ist fein raus und braucht sich nicht um Beobachtungszeit zu scheren. Aber alle anderen müssen gut ein drei viertel Jahr vor der geplanten Beobachtung in einem Antrag begründen, warum sie ein bestimmtes Teleskop benutzen wollen. Sie müssen darlegen, welche Objekte sie beobachten werden und wie viel Zeit sie benötigen, ob das Programm auch bei recht vollem Mond durchzuführen ist, etc. Nur wenn das so genannte Programmkomitee in dem Antrag sinnvolle Forschung sieht, teilt es auch Beobachtungszeit zu. Da die Astronomen aus aller Welt viel mehr Zeit beantragen als zur Verfügung steht, kann das Komitee nur etwa jedem dritten Antrag stattgeben. Für das Wetter ist dann jeder selbst „verantwortlich" – und schon so manches kühne Beobachtungsprogramm blieb im Schneesturm auf La Silla stecken. Auch wenn immer raffiniertere Teleskope gebaut werden – Voraussetzung der beobachtenden Astronomie ist und bleibt, dass zwischen dem Forscher beziehungsweise seinem Teleskop und dem zu beobachtenden Objekt freie Sicht herrscht. Kein Ort auf dieser Erde bietet die Garantie, dass beim Blick hinaus über Milliarden von Lichtjahren nicht ganz irdische Probleme dazwischenkommen – und sei es nur in Form einer banalen Wolke in vier Kilometern Höhe. Da

Blick auf die großen Kuppeln von La Silla. Vorne links das 2,2-Meter-Teleskop, hinten links der etwas unförmige Bau des New Technology Telescope und hinten rechts der gewaltige Turm des 3,6-Meter-Teleskops. Wie lange wird es La Silla noch geben, wenn beim VLT alle vier Spiegel im Einsatz sind, von denen jeder Einzelne eine größere Fläche hat als alle La Silla-Teleskope zusammen? Die 1,3 Milliarden Mark für das VLT bringt die ESO durch eisernes Sparen aus dem laufenden Haushalt auf. Da scheint das Ende von La Silla nur eine Frage der Zeit.

können die Astronomen ihre Sternwarten in noch so entlegenen Gegenden errichten.

Solche Pannen sind zum Glück sehr selten. Im Zeitalter der Düsenjets haben sich die Astronomen längst die besten Standorte dieses Planeten herausgepickt. Was blieb ihnen auch anderes übrig? Selbst wenn die Wetterbedingungen in Deutschland besser wären – der vom Kunstlicht „getrübte" Himmel lässt das meiste kosmische Glimmen schon gar nicht mehr durch. Straßenbeleuchtung, Neonreklame, in letzter Zeit aber auch die stark um sich greifende Unsitte, nachts den heimischen Garten auszuleuchten, machen den glitzernden Sternenhimmel in Europa zu einem seltenen Naturschauspiel. Viereinhalb Milliarden Jahre lang waren die Nächte auf unserem Planeten dunkel – damit scheint es nun vorbei zu sein. So müssen sich die Astronomen auf die wenigen noch wirklich dunklen Flecken zurückziehen. Um plötzliches Störlicht oder Abgase aus der Umgebung auszuschließen, hat die ESO beim Observatorium La Silla sicherheitshalber ein Gelände von 825 Quadratkilometern erworben.

Neue Spiegel braucht das All

Die perfekten Bedingungen an den Standorten in Chile kommen erst in perfekten Teleskopen richtig zur Geltung. Technologischer Trendsetter von La Silla ist das New Technology Telescope (NTT) – es ist der „Prototyp" für die Instrumente des Very Large Telescope (VLT). Die „neue Technologie" dieses Teleskops ist sein „dünner" Spiegel. Jahrzehntelang haben die Astronomen ihre Teleskope ziemlich einfallslos gebaut – dicke Glasklötze, die umso schwerer wurden, je größer der Spiegeldurchmesser sein sollte.

Der Spiegel des 3,6-Meter-Teleskop (eingeweiht 1977) ist 55 Zentimeter dick und wiegt 11 Tonnen. Der NTT-Spiegel hat bei fast gleichem Durchmesser eine Dicke von nur 24 Zentimetern und bringt gerade einmal 6 Tonnen auf die Waage. Lange hielten die Teleskop-Bauer dicke Spiegel für notwendig, damit die Spiegel nicht durchhängen und immer in der perfekten Form sind. Die Kolosse erforderten dann aber auch stets ein ebenfalls sehr schweres Gerüst, in dem sie und alle weiteren optischen Komponenten montiert waren. Denn jedes Teleskop – und sei es auch

Die Wissenschaftsoase mitten in der Atacama-Wüste. Einige Sprengungen haben den Gipfel des Cerro Paranal in die gewünschte ebene Form gebracht. Heute ragen die Schutzbauten der Teleskope so weit auf wie früher einmal der Berg. Im Hintergrund der wolkenverhangene Pazifik.

mehr als 400 Tonnen schwer – muss sich stets perfekt auf ein Himmelsobjekt ausrichten lassen und diesem über Stunden folgen können, um die Erdrotation auszugleichen. Wenn ein Teleskop das nicht kann, ist es wissenschaftlich wertlos.

Dicke Spiegel waren also an ihre technische Grenze gelangt – einen Spiegel von 8 Metern Durchmesser „dick" zu bauen, wäre praktisch fast unmöglich oder schlicht unbezahlbar. Auch die dünnen Spiegel sind dank eines genialen Tricks immer in „Topform": Der NTT-Spiegel liegt auf einem Bett von 75 Stellmotoren, die wie kleine Stempel den Spiegel stets in die perfekte Form drücken. Auch ein Teleskop-Spiegel bester Qualität verzerrt sich leicht – etwa bei Temperaturschwankungen. Die Stempel bringen den Spiegel dann immer wieder schnell in Form – das Teleskop stellt sich also selbst optimal scharf. Die Fachleute sprechen von „aktiver Optik". Die Erfahrungen mit dem NTT sind so hervorragend, dass die vier 8,2-Meter-Spiegel des VLT (jeder Spiegel hat eine 5,25-mal größere Fläche als das NTT) bei nur noch 17 (!) Zentimetern Dicke gerade mal 23 Tonnen wiegen und jeweils von 150 Stempeln in Topform gehalten werden.

„Elektronische Filme" statt Fotoplatte

Was die Teleskope an Licht einfangen, lenken sie heute kaum noch auf einen klassischen Film aus einer chemischen Emulsion. Stattdessen kommt gleichsam ein elektronischer Film zum Einsatz, ein CCD, ein „Charge Coupled Device", das das einfallende Licht in elektrischen Strom umwandelt. Typische CCDs haben 2048 Zeilen mit je 2048 Bildelementen (Pixel). Das Licht fällt also in 4,2 Millionen kleine „Messtöpfe" und fließt von dort als Strom ab. Der Vorteil der CCDs ist, dass sie über 90 Prozent der einfallenden Lichtteilchen registrieren – bei Fotoplatten sind es deutlich unter zehn Prozent. Schon kurz nach der Belichtung ist das Bild des beobachteten Objekts auf den Monitoren zu sehen – ohne umständliche chemische Entwicklung. Einfache CCD-Chips gibt es längst auch in handelsüblichen Videokameras.

Die Datenbearbeitung und -auswertung erfolgt erst zu Hause. Am Teleskop werfen die Astronomen meist nur einen kurzen Kontrollblick auf die Bilder. Die Wissenschaftler verlassen den Berg mit einigen DAT-Cassetten oder CD-ROMs, auf denen die unbearbeiteten Bilder und alle Eichdaten gespeichert sind. Fünf Nächte Beobachtung auf La Silla können dann fünfzehn Monate Arbeit im Heimatinstitut bedeuten.

Teleskope in Kuppeln? Das war einmal ...

Nicht nur bei den Spiegeln gehen die Astronomen neue Wege – auch die klassische Teleskop-Kuppel hat ausgedient (dabei hat es die Kuppel der Göttinger Sternwarte sogar bis auf den 10-Mark-Schein gebracht – direkt neben dem linken Auge des großen Astronomen Carl Friedrich Gauß, gucken Sie mal nach). Wieder war das NTT der Vorreiter. Das moderne Teleskop mit der aktiven Optik, also dem sich selbst scharf stellenden Spiegel, sitzt in einem eher eckigen Schutzbau. In der Mitte öffnet sich ein breiter Spalt, der einmal durch das gesamte Gebäude geht. Um dem Teleskop optimale Sicht zu geben, dreht sich beim NTT das gesamte Gebäude. Im Kontrollraum lässt sich jede Neuausrichtung des Teleskops unmittelbar fühlen. Besonders eindrucksvoll ist es, draußen mitzuerleben, wie sich das Teleskop-Gebäude geradezu majestätisch und mit einem leisen, unglaublich vornehm klingenden Surren (da quietscht oder ächzt nichts) an eine neue Himmelsposition schwingt. Erwischt man während der „Karussell-Fahrt" durch den geöffneten Spalt und den sich als Silhouette abzeichnenden oberen Teil des Teleskops einen Blick auf die helle Milchstraße mit dem Kreuz des Südens, läuft einem fast ein kalter Schauer über den Rücken, so erhaben erscheint dieser Moment. Der Faszination dieses wunderbaren Instruments kann sich niemand entziehen.

Über dem VLT bricht die Nacht an – die Schutzbauten der Teleskope sind bereits geöffnet.

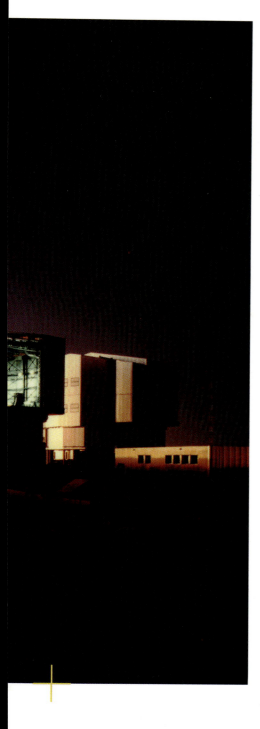

„Gummi-Spiegel" gegen funkelnde Sterne

Das 3,6-Meter-Teleskop auf dem Gipfel La Sillas begeistert die Forscher mit seinem weltweit führenden optischen System. Das Funkeln der Sterne – hervorgerufen durch Turbulenzen in der Luft – erscheint Laien so romantisch. Aber den Astronomen sind die von der Atmosphäre verbogenen Lichtstrahlen ein ebenso verhasster Feind wie dicke Wolken. Gegen Wolken gibt es bislang noch kein Mittel – aber durch die Luftunruhe verschmierte Sterne brauchen sich die Astronomen nicht mehr gefallen zu lassen.

Das Teleskop greift einen kleinen Teil des einfallenden Sternlichts ab und leitet ihn auf einen Extradetektor. Computer analysieren innerhalb einer tausendstel Sekunde die Bildverschmierung und leiten diese Daten an einen kleinen, gummiartigen Korrekturspiegel im Strahlengang, der über Dutzende von Druckpunkten verfügt. Die Form des „Gummi-Spiegels" wird dann so verändert, dass aus dem verbogenen und verwaschenen Sternbildchen wieder ein scharfes Bild wird. Die Fachleute sprechen bei diesem Verfahren von „adaptiver" Optik. Das „Adonis" genannte System wurde vor einigen Jahren am 3,6-Meter-Teleskop installiert. Das ist der große Vorteil von Instrumenten auf dem Erdboden: Anders als bei Satelliten können die Forscher ihre Geräte jederzeit mit dem besten Zubehör ausstatten und so manches „alte" Teleskop wieder auf den neuesten Stand bringen.

Cerro Paranal – Wissenschafts-Oase aus einem Guss

La Silla ist über mehr als ein Vierteljahrhundert gleichsam organisch gewachsen – immer wieder wurden neue Teleskope errichtet und alte neu ausgerüstet. Der neue ESO-Standort in Chile, der Cerro Paranal mit dem Very Large Telescope (VLT), ist dagegen eine Sternwarte aus der „Retorte". Paranal liegt 600 Kilometer nördlich von La Silla – dort sind die Wetterbedingungen noch einmal sehr viel besser als auf La Silla. Schlechtes Wetter ist auf Paranal geradezu eine Attraktion, glaubt man den ESO-Werbebroschüren, die bis zu 350 klare Nächte im Jahr versprechen.

Der 2635 Meter hohe Berg liegt mitten in der Atacama-Wüste, 120 Kilometer südlich der Hafenstadt Antofagasta. Vom Cerro Paranal sind es zwar nur 12 Kilometer bis zur Pazifikküste, dennoch ist der Berg einer der trockensten Orte der Erde – verglichen mit dem nur felsigen und staubigen Paranal hat La Silla geradezu üppige Vegetation. Die vielen

klaren Nächte am Paranal sind gar nicht das Wichtigste – viel bedeutender sind die äußerst stabilen Wetterverhältnisse, die für eine sehr ruhige Luft sorgen.

Das VLT besteht aus vier baugleichen Spiegelteleskopen – jeder Spiegel hat bei einem Durchmesser von 8,20 Metern eine Fläche von 52 Quadratmetern (so viel wie eine kleine 3-Zimmer-Wohnung). Hinzu kommen noch einige kleinere „Hilfsteleskope" mit Spiegeln von 1,8 Metern Durchmesser. Auch die VLT-Gebäude drehen sich fast komplett, um die Teleskope auszurichten. Spezielle Klappen sorgen für eine großzügige Durchlüftung – im Idealfall zieht ein Luftstrom mit 2 Metern pro Sekunde über die Spiegel. Dank der leichten Brise vom Meer und den Klappen lässt sich das fast perfekt dosieren. Tagsüber werden die Teleskope sogar gekühlt, um eine zu starke Aufwärmung zu vermeiden – ein Drittel des Stromverbrauchs auf Paranal dient allein der Teleskop-Kühlung.

Über 30 Meter hoch sind die Schutzbauten um die Teleskope. Der 8,2-Meter-Spiegel liegt auf der weißen Gitterkonstruktion im unteren Teil des Teleskops. In der oberen Ringstruktur ist der kleine Umlenkspiegel zu erkennen.

Astronomen bei der Arbeit – Monitor statt Okular, klimatisierte Leitzentrale statt kalter Kuppel.

Paranal wird eine Sternwarte aus einem Guss. Wenn alles fertig ist, ist der Berg auch voll. Eine Erweiterung der Sternwarte ist auf dem kleinen Bergplateau nicht möglich. Aber das VLT ist so umsichtig konzipiert und wird so solide gebaut, dass es noch in Jahrzehnten zu den führenden Observatorien gehören wird – bis heute ist kein aufwändigeres Instrument geplant. Es ist wirklich an alles gedacht. In einer eigens gebauten Bedampfungsanlage werden die kostbaren Spiegel alle zwei Jahre neu mit Aluminium bedampft. Die Beschichtung verliert mit der Zeit ihr Reflexionsvermögen, so dass regelmäßiges Neubedampfen nötig ist, um optimale Ergebnisse zu erzielen. Das VLT-Team arbeitet so effizient, dass für Spiegelausbau, Transport in die etwas unterhalb am Berg gelegene Anlage, Bedampfung, Rücktransport, Einbau und Justierung gerade einmal zwei Nächte verloren gehen.

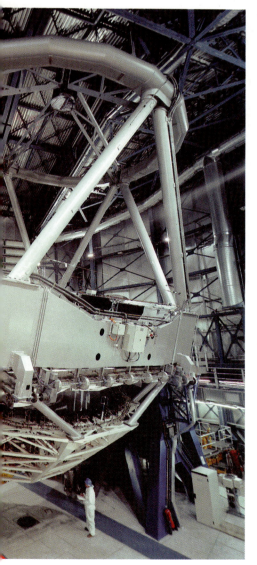

Gäste willkommen – Knöpfchen drücken verboten

Anders als auf La Silla beobachten die Astronomen auf Paranal von einem speziellen Gebäude aus, in dem sich die Steuerungsräume für alle Teleskope befinden. Wissen die Gäste auf La Silla das Teleskop gleich nebenan oder über sich, so besteht beim VLT sogar eine räumliche Trennung von Instrument und Beobachter. Der „Visiting Astronomer" darf die VLT-Teleskope ohnehin nicht mehr bedienen. Die VLT-Teleskope haben – wie ihr Prototyp NTT auf La Silla – einen „Piloten", der die gesamte Steuerung in Absprache mit dem Beobachter vornimmt. Der als Gast auf dem Berg arbeitende Astronom darf nicht einmal mehr Knöpfchen drücken – geschweige denn nachts wirklich am Teleskop sein. Man stelle sich vor, da kühlt man das Teleskop-Gebäude mühsam, nur damit dann ein 37 Grad heißer Astronom für (Luft-)Unruhe sorgt.

Natürlich verfügt auch das VLT über aktive Optik – die 8,2-Meter-Spiegel liegen auf einem Bett von 150 Stellmotoren, die die Spiegel im Sekundentakt perfekt in Form bringen können. In einigen Jahren kommt beim VLT auch die adaptive Optik hinzu, die das Instrument dann 100-mal pro Sekunde (!) optimal scharf stellt. Vier perfekt geschliffene Spiegel, die mit aktiver und adaptiver Optik ins All starren – was für eine Perspektive für die Astronomen. Dann werden Teleskope auf der Erde so scharfsichtig sein wie das Hubble-Weltraumteleskop.

Das Problem der adaptiven Optik war bisher, dass für die Bildanalyse ein recht heller Stern nahe dem interessierenden Objekt im Blickfeld stehen musste. Da es viele schöne Objekte ohne Stern in der Nähe gibt, hat dieses Verfahren für die Astronomen noch ärgerliche Einschränkungen. Die Abhängigkeit von den nahen Sternen hat aber bald ein

Ende. Ein enorm starker Laser regt die Moleküle in der Hochatmosphäre zum Leuchten an und „brennt" so einen künstlichen Stern ins Blickfeld des Teleskops. Die Astronomen wissen genau, was von diesem Kunststern im Teleskop zu sehen sein müsste, und folgern aus dem davon abweichenden tatsächlichen Bild auf die Luftturbulenzen, denen das Licht des Lasers und des beobachteten Objekts auf dem Weg durch die Atmosphäre ausgesetzt waren. Der Gummi-Spiegel biegt es dann schon wieder hin. Am VLT haben die Astronomen ein fast schon kurioses Problem: Einen so starken Laser, wie er dort benötigt wird, gibt es bisher auf dem zivilen Markt nicht. Die ESO lässt eigens einen strahlungsintensiven Laser entwickeln, um damit in naher Zukunft die Kunststerne für das VLT zu produzieren.

VLTI – den Mann im Mond erspähen

In einigen Jahren wird das VLT noch viel schärfer ins All blicken. Dann schalten die Astronomen die vier Hauptinstrumente und drei „Hilfsteleskope" zusammen. Mit diesem Trick sieht das VLT so scharf wie ein einziges – technisch aber natürlich völlig unmögliches – Teleskop von 200 Metern Durchmesser (der größte Abstand zwischen den beteiligten Teleskopen beträgt 200 Meter). Diese „Interferometrie" genannte Technik macht unglaubliche Details beobachtbar. VLTI (Very Large Telescope Interferometer) wird vermutlich erstmals Planeten sonnennaher Sterne direkt abbilden, ins Herz aktiver Galaxien gucken und auch das Zentrum unserer Milchstraße in unerreichter Detailfülle sehen – theoretisch ließe sich mit VLTI ein Mensch auf dem Mond ausmachen. Die neue Beobachtungstechnik wird zunächst nur im Infrarotbereich zu nutzen sein – je kürzer die Wellenlänge ist, desto

Die besten Stellen ankreuzen ...? Von wegen! Mit größter Vorsicht entfernen die Ingenieure die Schutzfolie von dem 17 Zentimeter dünnen Spiegel.

Das „Fakirkissen" der Spiegel – 150 Druckpunkte (so genannte Aktuatoren) halten jeden Spiegel optimal in Form. Die Korrektur erfolgt bis zu einmal pro Sekunde.

schwieriger ist die technische Umsetzung. Im langwelligen Radiobereich findet ein Zusammenschalten von Teleskopen – zum Teil sogar über Kontinente hinweg – schon seit vielen Jahren statt.

Wenn der als Gast auf dem Berg weilende Astronom ohnehin kaum noch etwas anfassen darf, ist es dann überhaupt noch nötig, dass die Astronomen zum Beobachten aus Europa extra anreisen? Beim VLT möchte die ESO etwa die Hälfte der Beobachtungen im so genannten „Service mode" durchführen: Die Astronomen programmieren ihre Beobachtungspläne und schicken sie fertig nach Chile. Das Teleskop-Team führt dann die Beobachtungen zu gegebener Zeit und bei geeigneten Bedingungen durch. Es gibt sicher Projekte, für die ein solches Vorgehen sinnvoll ist. Aber bei vielen Beobachtungen muss der Astronom unmittelbar sehen, was das Teleskop beobachtet, um dann weitere Entscheidungen zu treffen – das erfolgt im „Visitor mode". Für die Forscher ein zeitintensives, aber wissenschaftlich notwendiges Unterfangen, denn nur an Orten wie dem Paranal ist man auf Erden noch ganz direkt den Sternen nahe.

28 | 29

Wenn Teleskope Raumsonden spielen
Blick auf unsere kosmische Heimat

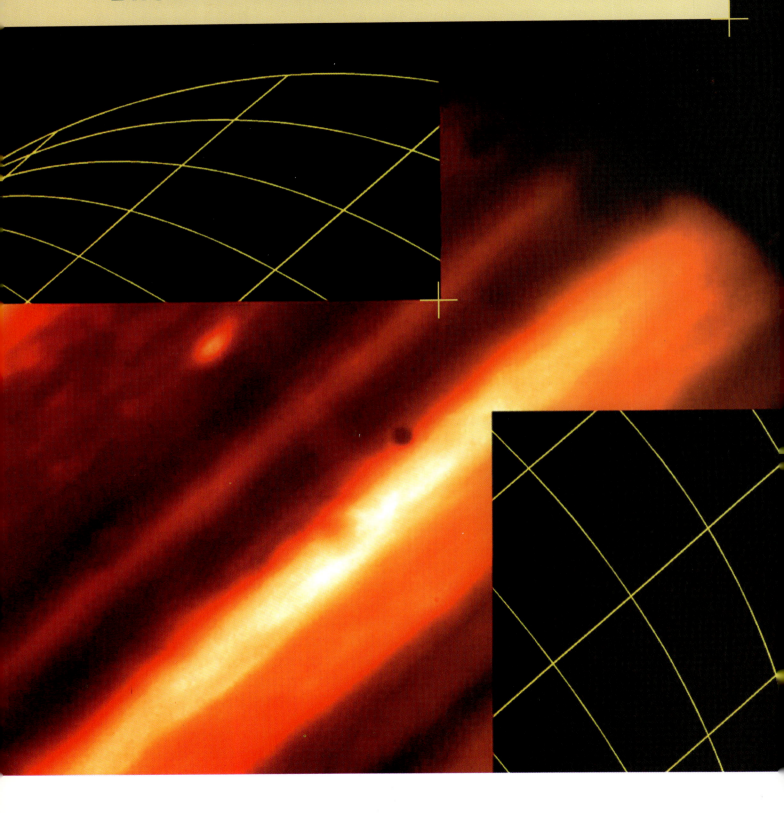

Um Planeten in unserem Sonnensystem zu beobachten, braucht es wahrlich keine Großteleskope. Dennoch gucken die Spitzenteleskope gelegentlich auch mal bei Jupiter & Co. vorbei – insbesondere das Hubble-Weltraumteleskop hat, mit Ausnahme von Merkur, schon jeden Planeten aufs Korn genommen. Die Hubble- oder VLT-Bilder der Planeten sind atemberaubend. Die detailreichen Aufnahmen von Jupiter und Saturn lassen eher eine Umlaufbahn um den Planeten als Aufnahmeort vermuten als die Erdumlaufbahn. Die VLT-Aufnahme von Jupiter, die das Test-Team lediglich „aus Spaß" aufgenommen hat, ist um ein Vielfaches besser als die Aufnahmen der ersten Planetensonden (Pioneer 1 und 2 Mitte der siebziger Jahre). Heute beobachtet ein Großteleskop von der Erde aus Jupiter besser als es eine Raumsonde vor 25 Jahren aus der Nähe vermochte.

Doch trotz aller Leistungsfähigkeit der Teleskope: Sinnvolle Planetenbeobachtungen müssen systematisch über einen längeren Zeitraum erfolgen – Schnappschüsse bringen wenig. So nehmen heute hoch spezialisierte Raumsonden die Planeten in Langzeitstudien unter die Lupe, wie Galileo seit 1995 beim Jupiter oder Cassini ab 2004 beim Saturn. Es gilt ohnehin die alte Regel: Für Objekte, zu denen man hinfliegen kann, sind die Astronomen nicht mehr zuständig.

Blick ins interplanetare Gefrierfach

Unverzichtbar sind die Großteleskope beim Erkunden der Außenbereiche unseres Sonnensystems. 1992 sind die Astronomen auf das erste Trans-Neptun-Objekt (TNO) gestoßen. Jenseits der Bahn des Gasriesen Neptun erstreckt sich der so genannte Kuiper-Gürtel, ein vom Planetologen Gerard Kuiper in den sechziger Jahren postulierter Gürtel kleiner Objekte – ähnlich dem Asteroidengürtel zwischen der Mars- und Jupiterbahn. Die TNO sind vermutlich „massive Schneebälle" aus Eis und Staub. Mittlerweile sind schon fast 100 Objekte bekannt, die außerhalb der Neptunbahn um die Sonne ziehen. Nach Schätzungen gibt es mehr als 100.000 TNO mit über 100 Kilometern Durchmesser. Das bisher am weitesten draußen liegende Trans-Neptun-Objekt entfernt sich bis zu 20 Milliarden Kilometer von der Sonne – das ist viereinhalbmal so weit wie der Abstand Sonne-Neptun, sogar 135-mal weiter als der Abstand Erde-Sonne. In so großer Entfernung leuchtet die Sonne nur noch wenig heller als der Vollmond – und erscheint nur noch als Punkt, nicht mehr als Scheibe. Der neunte Planet, Pluto, ist vermutlich nur das größte Objekt im Kuiper-Gürtel – Pluto hatte schlicht Glück, dass Clyde Tombaugh ihn schon 1930 entdeckte. Bei einer heutigen Entdeckung hätte Pluto keine Chance mehr, als „echter Planet" gezählt zu werden.

Infrarotblick auf Jupiter: Hubble zeigt die Wolken der oberen Atmosphäre, den Ring und einen Mond.

Dort draußen, im interplanetaren Gefrierfach, war es nach gängiger Vorstellung während der gesamten Lebenszeit des Sonnensystems äußerst kalt. Die TNO sollten sich seit ihrer Entstehung also kaum verändert haben – folglich enthalten sie noch immer die bestens konservierte Restmaterie jener Urwolke, aus der das Sonnensystem vor viereinhalb Milliarden Jahren entstanden ist. Nicht wenige sehen daher in den TNO den Schlüssel zum Verständnis der Vorgänge in der protoplanetaren Scheibe, die einst die junge Sonne umgeben hat.

möglich, dass die Astronomen bei ihrer Suche am Rande des Sonnensystems auf ein weiteres Objekt von Plutogröße stoßen. Die Beobachtungen zeigen, dass 1996 TO66 eine ganz ähnliche Oberflächenfarbe wie Pluto und dessen Mond Charon hat, was auf eine ähnliche chemische Zusammensetzung hindeutet.

Während mehrerer Beobachtungsnächte haben die Astronomen sehr sorgfältig die Helligkeit von 1996 TO66 gemessen. Dabei fiel den Forschern eine regel-

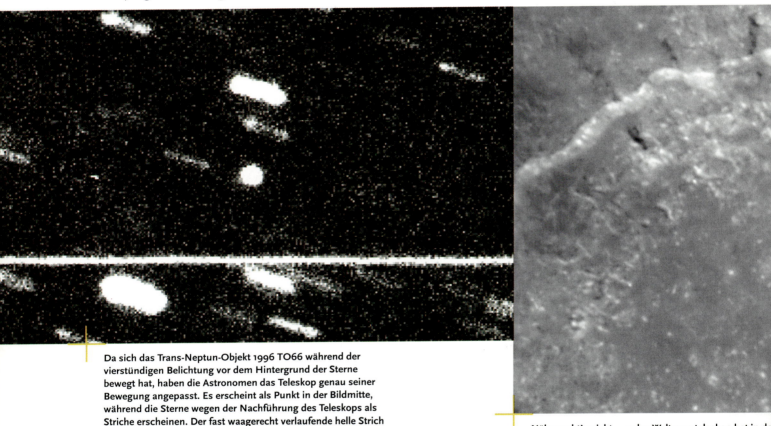

Da sich das Trans-Neptun-Objekt 1996 TO66 während der vierstündigen Belichtung vor dem Hintergrund der Sterne bewegt hat, haben die Astronomen das Teleskop genau seiner Bewegung angepasst. Es erscheint als Punkt in der Bildmitte, während die Sterne wegen der Nachführung des Teleskops als Striche erscheinen. Der fast waagerecht verlaufende helle Strich ist die Spur eines Satelliten, der während der Aufnahme durch das Blickfeld zog – himmlische Umweltverschmutzung. (NTT)

Näher geht's nicht ... – das Weltraumteleskop hat in den Mond geguckt (hier Krater Copernicus), um mit dem reflektierten Sonnenlicht ein neues Instrument zu eiche

Das am besten beobachtete Trans-Neptun-Objekt ist 1996 TO66. ESO-Astronomen haben dieses Objekt in 45-facher Erdentfernung von der Sonne mit dem NTT untersucht. Mit ein paar Annahmen darüber, wie sehr die Oberfläche das einfallende Sonnenlicht reflektiert, lässt sich der Durchmesser des Objekts ganz grob auf 600 Kilometer abschätzen, ein Viertel des Pluto-Durchmessers. Es ist übrigens durchaus

mäßige Schwankung auf – mit einer Periode von 6 Stunden und 15 Minuten variiert die Helligkeit des Objekts. 1996 TO66 rotiert also und ist entweder länglich geformt oder hat hellere und dunklere Flecken auf seiner Oberfläche.

Bisher sind solche Daten Glückstreffer – kleine Mosaiksteinchen, die noch kein Gesamtbild über die

Entstehung des Planetensystems liefern. Aber die neuen Großteleskope werden in den nächsten Jahren etliche TNO sehr sorgfältig untersuchen und damit die Datenbasis über die Entstehung und Entwicklung unserer kosmischen Heimat erheblich verbessern.

Gestern Star Wars – heute Planet Wars

Doch was interessieren schon öde Eisklumpen hinterm Pluto? Für die schnelle Schlagzeile sorgen

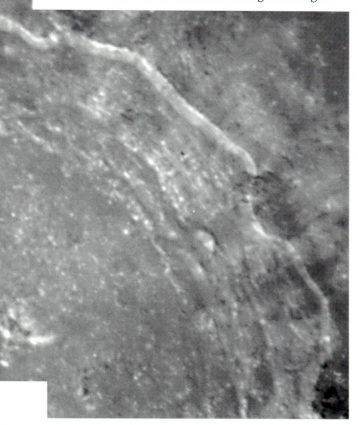

seit einigen Jahren die richtigen Planeten bei anderen Sternen. Schluss mit der kosmischen Einsiedelei, wir wollen endlich wissen, wo E.T. und der Rest der himmlischen Verwandtschaft wohnen! Und so wollen viele dabei sein, beim heiteren Planetenschießen – in Zeiten, in denen die Menschheit über mögliche Marsmikroben in Exstase und über die Entdeckung eines erdnahen Asteroiden fast in Panik gerät, treibt auch die Planetenhatz absonderliche Blüten.

Das Dumme an den Planeten um fremde Sonnen – den so genannten extrasolaren Planeten – ist, dass sie bisher nur indirekt zu beobachten sind. Ein Planet ist sehr lichtschwach und steht zudem noch in der Nähe eines hellen Sterns. Für heutige Teleskope verschwinden mögliche extrasolare Planeten unweigerlich im Strahlenkranz der Sterne. Abhilfe schafft frühestens das komplett fertig gestellte VLT, wenn es sein Interferometer nutzen kann.

So messen die Astronomen bisher sehr indirekt: Zieht ein Planet um einen Stern, so bewegt sich auch der Stern ein wenig um den gemeinsamen Schwerpunkt. Massereiche Planeten vom Schlage Jupiters lassen den Stern stärker schwanken als Leichtgewichte von der Sorte der Erde. Im Spektrum eines Sterns sehen die Astronomen, ob und wie schnell sich der Stern bewegt. Hat der Stern einen Planeten, sollte er wegen dessen Umlaufbewegung mal ein wenig auf uns zu laufen, mal ein wenig von uns weg – je nachdem, wo gerade der Planet steht. Die Messinstrumente der Astronomen sind heute so genau, dass sie die Bewegung eines Sternes auf etwa 3 Meter pro Sekunde genau messen können. Die Astronomen sehen im Spektrum, ob ein Dutzende Lichtjahre entfernter Stern in diesem Jogger-Tempo auf uns zu kommt oder nicht.

Sternpendeln liefert keine genauen Planetenmassen

Der Haken ist nun, dass die Bewegungsmessung nur eine Untergrenze für die Masse des Begleiters liefert. Denn die Astronomen messen im Spektrum nur die Geschwindigkeit des Sterns exakt auf uns zu oder von uns weg. Bewegungen nach links oder rechts sind im Spektrum nicht zu sehen. Blicken wir unter ziemlich flachem Winkel auf die Bahn des Begleiters, dann registrieren wir fast die komplette Bewegung des Sterns. Haben wir aber das Pech und blicken fast senkrecht auf die Bahn, dann hat der Stern seine Hauptbewegung – für uns unbeobachtbar – nach links und rechts.

Heißt es, der Stern 51 Pegasi, der dem Nachrichtenmagazin „Der Spiegel" 1995 sogar eine Titelstory wert war, habe einen Planeten von einer halben Jupitermasse, dann stimmt das nur, wenn wir ziemlich genau von der Seite auf die Planetenbahn blicken. Gucken wir aber fast senkrecht auf seine Bahn, dann könnte der „Planet" auch 50 oder mehr Jupitermassen haben – er wäre mithin ein Brauner Zwerg oder sogar ein ganz normaler kleiner Stern, auch wenn der beobachtete Stern mit der geringen Bewegung auf uns zu einen Planeten vorgaukelt. Es hängt wortwörtlich vom Blickwinkel ab.

Unter den einigen Dutzend Kandidaten sind bestimmt viele wahre Planeten – wir werden nicht immer fast senkrecht auf deren Bahn gucken. Nur sind niemals einem speziellen Stern ganz bestimmte Planeten zuzurechnen. Davon lassen sich einige ganz eifrige, von sachlicher Seriosität unbelastete Planetenjäger herzlich wenig stören. Kaum zeichnet sich das charakteristische Gewabbel in der Bewegung eines Sterns ab, fabulieren sie munter über den möglichen Planeten, über die dort herrschenden Temperaturen (zum Teil auf fünf Grad genau!), unter Umständen über vorhandenes Wasser, etc.

Planet, melde dich!

Und dann überraschte uns Ende Mai 1998 die Kunde, endlich sei der erste fremde Planet direkt beobachtet worden – und zwar vom Hubble-Weltraumteleskop. Den armen Planeten im Sternbild Stier sollen seine Raben-Eltern aus einem Doppelsternsystem katapultiert haben. Den Astronomen wies eine mysteriös glimmende Leuchtspur den Weg der Erkenntnis vom Sternenpaar zum verlorenen Sohn (Abbildung Seite 36). Aber nur, wenn das schwach infrarot leuchtende Objekt genauso jung und auch genau so weit entfernt ist wie seine möglichen Elternsterne, wäre es wirklich ein Planet. Bloße Nähe am Himmel besagt gar nichts – es könnte auch ein normaler Stern im Vordergrund sein. Diese „unschönen" Punkte erwähnte die NASA-

Oben: Ringplanet mit Heiligenschein. Hubble hat mit seiner Ultraviolett-Kamera Polarlichter auf Saturn beobachtet. Sie entstehen (wie auf der Erde), wenn im Magnetfeld des Planeten geladene Teilchen von der Sonne das Gas der Atmosphäre zum Leuchten anregen.

Der Test-Blick des VLT auf Jupiter ist die detailreichste Aufnahme des Planeten vom Erdboden aus. Links tritt gerade der Mond Io vor die Jupiterscheibe.

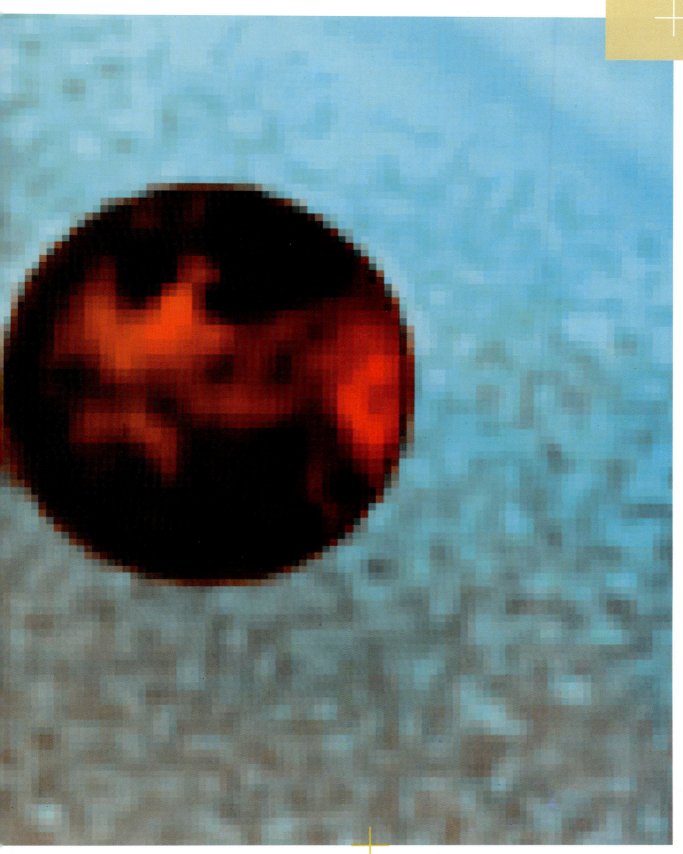

Vulkanausbruch beim Jupiter (Entfernung 600 Millionen Kilometer) – der Mond Io stand beim Ausbruch des Vulkans Pele (links) gerade vor dem Planeten. (HST)

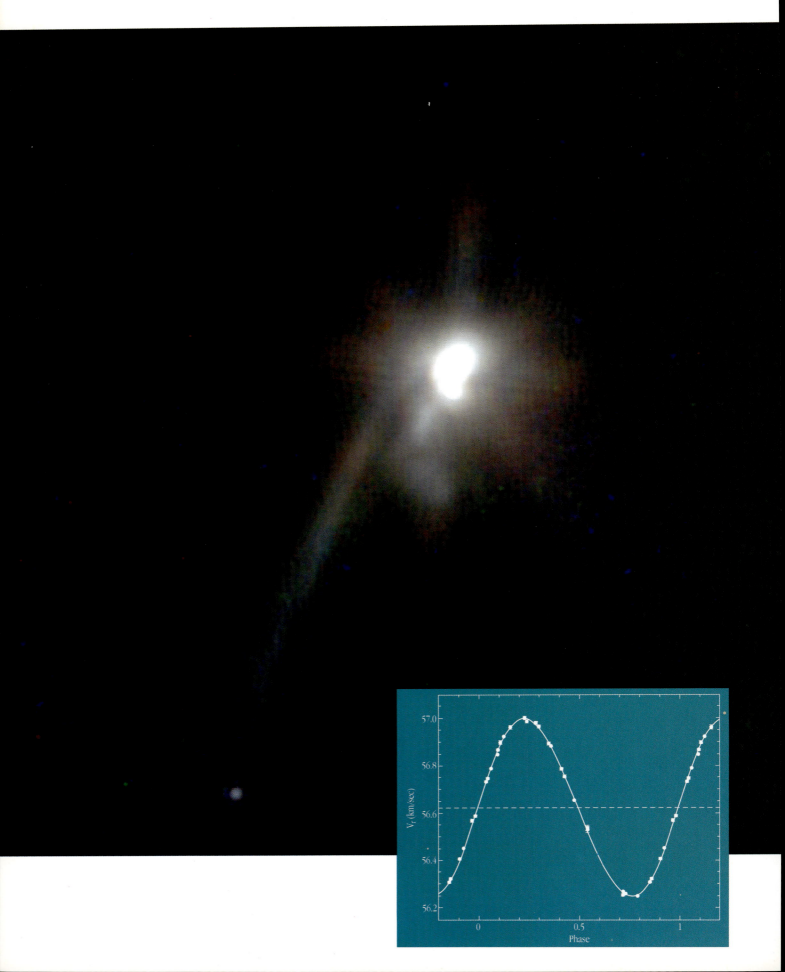

„Original" (kleines Bild) und „Fälschung" (großes Bild) . . .?! Das Hubble-Team meinte, im kleinen Punkt links unten einen fremden Planeten zu erkennen — tatsächlich ist es ein normaler Stern im Vordergrund. Die Kurve zeigt, wie schnell sich der Stern Gliese 86 relativ zu uns bewegt. Das Pendeln verrät deutlich einen Begleiter des Sterns — möglicherweise ein Planet von mindestens fünffacher Masse Jupiters.

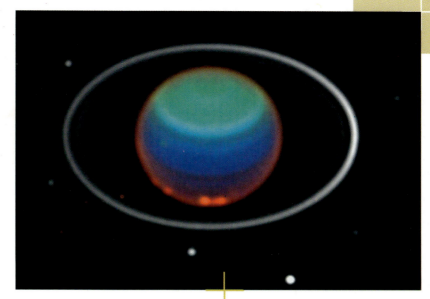

Acht Monde, die Ringe und Details in der Wolkenschicht des Planeten zeigt dieser Hubble-Blick auf Uranus (Entfernung 2,8 Milliarden Kilometer).

Presseerklärung nur am Rande. Man habe die Öffentlichkeit wegen der „bezwingenden Natur des Bildes" sehr früh informiert – immerhin könne es sich um die wichtigste Hubble-Aufnahme aller Zeiten handeln.

Etwas auffällig war bei der ganzen Angelegenheit, dass die NASA von der Aufnahme bis zur Entdeckung des vermeintlichen Planeten zehn Monate gebraucht hat – die große Nachricht dann aber zufälligerweise „pünktlich" zur Einweihung des europäischen Großteleskops VLT verkündete, das bald selbst nach Planeten Ausschau halten soll. Wenn da mal nicht transatlantische Rivalität die Augen geöffnet hat.

Das Bild wurde dann übrigens bald von den Fakten bezwungen: Ein Jahr später ergaben Messungen, dass der Fantasie-Planet mit mindestens 2500 Grad Oberflächentemperatur viel zu heiß ist. Es spricht alles dafür, dass es sich lediglich um einen ganz normalen schwachen, rötlichen Stern im Vordergrund handelt – wie im April 2000 (zwei Jahre nach der „Sensation") sogar die NASA in einer Pressemitteilung eingeräumt hat. Es zählt zu den Unsitten manch professioneller PR-Arbeit, dass vermeintliche Sensationen – selbst wenn sie sachlich auf ganz schwachen Füßen stehen – mit ungeheurem Nachdruck angepriesen werden, dass aber die Korrektur des ganzen kaum oder gar nicht gemeldet wird. Nehmen Sie auffällig konkrete Planetenmeldungen bloß nicht zum Nennwert!

Dass die Astronomen bisher vor allem auf Planeten mit mehr als Jupitermasse auf sehr engen Bahnen um ihre Sterne gestoßen sind, ist kein Zufall, sondern ein „Auswahleffekt". Genau diese Planeten verursachen das stärkste Sternpendeln – naturgemäß fällt das am ehesten auf. Erdgroße Planeten dagegen lassen sich mit dieser Methode bisher gar nicht nachweisen. Die Erde zwingt die Sonne nur zu einer Bewegung von einigen Zentimetern pro Sekunde – wir dürfen gespannt sein, wann es erste Daten darüber geben wird.

Überall Staub!
Wenn aus Dreck Sterne werden

Der Komplex RCW 108 enthält viele helle und dunkle Nebelmassen und ist eines der aktivsten Sternentstehungsgebiete. Der Ausschnitt überdeckt etwa die Fläche des Vollmonds. (WFI)

Sterne über Sterne – es wimmelt nur so von bunten Lichtpunkten. Dicht an dicht drängen sie sich in der Ebene der Milchstraße – und mittendrin, ganz plötzlich: Eine pechschwarze Fläche, nicht ein einziges Sternchen glimmt dort, ein „Loch" im Himmel.

Was aussieht, als hätte die Natur dort die Sterne einfach vergessen, ist schlicht eine große, dunkle Gas- und Staubwolke. Die Staubteilchen und Gasmoleküle jener Wolke verschlucken das Licht der dahinter liegenden Sterne – die Wolke wirkt wie ein dichter Vorhang.

Die Astronomen nennen solche Wolken Globulen – das Bild auf Seite 41 zeigt die Globule Barnard 68. Schon auf den ersten Blick zeigt sich, dass Barnard 68 uns relativ nah sein muss. Wäre die Wolke weiter entfernt, müssten sich zumindest ein paar wenige Vordergrundsterne zeigen. Tatsächlich ist aber selbst bei dieser Aufnahme des Very Large Telescope (VLT) nicht ein einziger Stern im Vordergrund zu sehen. Barnard 68 liegt etwa 500 Lichtjahre entfernt im Sternbild Schlangenträger. Die Wolke ist recht klein – sie hat einen Durchmesser von nur gut einem halben Lichtjahr. Globulen wie Barnard 68 sind die kältesten bekannten Objekte im Universum. Im Innern der Wolke herrscht eine Temperatur von etwa minus 263 Grad Celsius, das sind nur zehn Grad über dem absoluten Nullpunkt. So kalt und so schwarz Globulen auch sein mögen – sie sind alles andere als kosmische Totenschleier. Denn Sterne und Planeten entstehen im Kosmos genau aus solchen Globulen. Barnard 68 bietet uns einen Blick in die eigene Vergangenheit – vor knapp fünf Milliarden Jahren werden Sonne, Erde & Co. nicht wesentlich anders ausgesehen haben.

Sternentstehung liegt im Dunkeln

Globulen bestehen zum Großteil aus kaltem Wasserstoffgas; dazu gesellen sich etliche andere Molekülarten und Myriaden von interstellaren Staubteilchen. Die Partikel unseres Hausstaubs sind – verglichen mit den kosmischen Teilchen – von geradezu gigantischer Größe. Der Staub im All ist kleiner als ein tausendstel Millimeter.

Aus bis heute nicht genau bekannten Gründen beginnt eine Globule irgendwann sich zu drehen und sich zusammenzuziehen. Sie zerfällt in einige kompakte Objekte, die sich weiter zusammenklumpen. Schließlich zündet im Innern einer jeden Unterwolke ein riesiger Gasball sein Sternfeuer – der verbleibende „Dreck" darum herum bildet kleine kompakte Körper: Ein Stern wie unsere Sonne mit Planeten ist entstanden.

So weit das grobe Bild der Sternentstehung. Das Prinzip mag halbwegs
klar sein – Details aber sind völlig unverstanden oder stark umstritten.
Sterne entstehen nun einmal in dunklen Wolken, über die bisher
nur wenig zu erfahren war. Diese kalten Wolken senden so gut wie keine
Strahlung aus – bisher ließen sich lediglich die Gasmoleküle in
den Wolken mehr schlecht als recht mit Radioteleskopen ausmachen.

Eine Wolke lässt die Hüllen fallen

Mittlerweile lüftet ein neues Gerät am New Technology Telescope den
Schleier. ESO-Astronomen jubelten über diese Aufnahmen (Seite 43),
sie hätten erstmals Licht durch die Finsternis gesehen. Tatsächlich
haben Aufnahmen im Infrarotbereich in die Wolke und durch sie
hindurch gesehen. Denn Licht unterschiedlicher Wellenlänge (Farbe)
reagiert auch unterschiedlich auf die Staub- und Gasteilchen in der
Wolke. Blaues oder gelbes Licht der hinter
der Wolke liegenden Sterne hat keine
Chance, Barnard 68 zu passieren – es wird
verschluckt. Hat das Licht dagegen eine
fünfmal größere Wellenlänge, so läuft es fast
ungedämpft durch die Wolke hindurch. Die
NTT-Aufnahmen verdeutlichen, wie die
Wolke mit zunehmender Wellenlänge immer
„durchsichtiger" wird.

Ganz simpel kann man sich das etwa so
vorstellen: Kurzwelliges Licht rast wie ein
Slalomläufer mit vielen Schwüngen durch
die Wolke – und prallt bei den vielen
Schwüngen zwangsläufig auch mal auf ein
Teilchen und kommt nicht mehr weiter.
Dagegen hat Infrarotstrahlung eine viel
größere Wellenlänge, macht also viel weniger
Schwünge beim Slalom und kommt so ziem-
lich ungehindert durch die Wolke hindurch.

Im Bereich des sichtbaren Lichts dämpft Barnard 68 die Strahlung auf
ein Hundertbillionstel. Läge eine so stark absorbierende Schicht
zwischen uns und der Sonne, so wäre es auf der Erde zappenduster –
die Sonne wäre nur noch mit einem Fernglas zu erspähen.

Die Astronomen haben über die Dämpfung des Sternlichts die Staub-
verteilung in der Wolke gemessen. Etwas rechts der Mitte von Barnard
68 ist die Dämpfung (also die Staubdichte) am größten; links scheinen

Der Staub ist im
Innern der Wolke
nicht völlig gleich-
mäßig verteilt –
er ballt sich zu drei
Klumpen zusammen.
Aus dem größten
entstehen bald
Sterne.

Ein Loch im Himmel ... – die Dunkelwolke Barnard 68 verschluckt das Licht zahlloser hinter ihr liegender Sterne. (VLT)

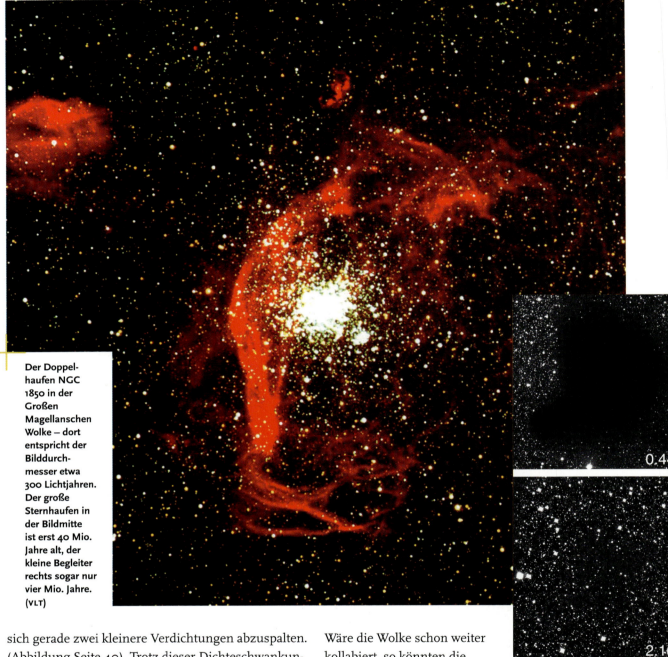

Der Doppelhaufen NGC 1850 in der Großen Magellanschen Wolke – dort entspricht der Bilddurchmesser etwa 300 Lichtjahren. Der große Sternhaufen in der Bildmitte ist erst 40 Mio. Jahre alt, der kleine Begleiter rechts sogar nur vier Mio. Jahre. (VLT)

sich gerade zwei kleinere Verdichtungen abzuspalten. (Abbildung Seite 40). Trotz dieser Dichteschwankungen ist die Wolke insgesamt aber noch sehr gleichmäßig aufgebaut. Für die Astronomen ist dies ein klarer Hinweis darauf, dass Barnard 68 noch sehr jung ist. Denn hat sich erst einmal eine Globule gebildet, kommt es recht schnell zur Sternentstehung. Die Phase, in der sich Barnard 68 gerade befindet, dauert nur etwa 100 000 Jahre – astronomisch gesehen nicht mehr als ein Wimpernschlag. Wir haben also großes Glück, gerade jetzt dorthin zu gucken.

Wäre die Wolke schon weiter kollabiert, so könnten die Astronomen auch nicht mehr durch sie hindurch blicken. In den späteren Stadien der Sternentstehung steigt die Staubdichte in den Zentren der Verdichtung so stark an, dass keinerlei Strahlung mehr durch kommt.

Aus den Daten lässt sich auch die Masse von Barnard 68 abschätzen – die pechschwarze Globule ist fast ein Leichtgewicht. Sie enthält nur etwa dreimal mehr

Materie als unsere Sonne. In einigen hunderttausend Jahren werden dort im Sternbild Schlangenträger also nur wenige neue Sterne aufleuchten – die Globule wird dann verschwinden und wieder den Blick auf die dahinter liegenden Sterne freigeben.

Staubige Sterngeburten

Doch längst nicht aller Staub liegt im Kosmos so isoliert vor – und die Wolken zeichnen sich auch keineswegs immer so spektakulär vor einem dichten Sternenhintergrund ab. Die reine dunkle Staubphase ist – wie erwähnt – sehr kurz. Deshalb erwischen die Astronomen beim Blick in unsere Milchstraße die

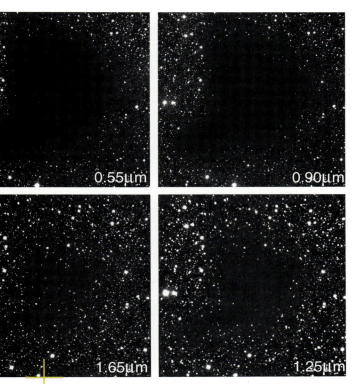

Sechs Gesichter von Barnard 68: Je langwelliger das Licht ist, desto geringer ist die Fähigkeit des Staubes, das Licht zu verschlucken. Links oben beginnend, nimmt die Wellenlänge der Aufnahmen im Uhrzeigersinn zu. Die ersten beiden Bilder entsprechen sichtbarem Licht – weit im Infraroten ist die Staubwolke durchsichtig. (NTT)

Gas- und Staubwolken meistens in flagranti mitten in der sehr viel länger dauernden Phase der Sternentstehung.

Der Staubkomplex RCW 108 (Abbildung Seite 38) liegt 4000 Lichtjahre entfernt im Sternbild Altar und zeigt gerade beginnende, noch laufende und schon abgeschlossene Sternentstehung nebeneinander. Er hat einen Durchmesser von etwa 40 Lichtjahren. Das Blickfeld des 2,2-Meter-Teleskops auf La Silla – gemeinsam betrieben von ESO und Max-Planck-Gesellschaft – ist etwas größer als der Vollmond und liefert somit einen einzigartigen Überblick über diese aktive Region. Rechts zeichnen sich dunkle Gas- und Staubmassen ab – aus diesem Material sind noch keine Sterne entstanden. Vermutlich klumpt im Innern aber bereits viel Gas und Staub zusammen – die Zündung der Sternfeuer ist nur noch eine Frage von einigen hunderttausend Jahren.

Links der Bildmitte sind viele junge blaue Sterne zu erkennen. Diese Objekte haben mehr als die zehnfache Sonnenmasse und leuchten über tausendmal heller als die Sonne. Mit ihrer intensiven Ultraviolett-Strahlung regen diese Sterne das umgebende Gas zum Leuchten an. So ein leuchtender Nebel ist also eine Art kosmische Neonröhre – nur dass hier nicht Neon, sondern vor allem Wasserstoff leuchtet. Die meiste Strahlung stammt von dem hellen bläulichen Objekt links oberhalb der Bildmitte. Hierbei handelt es sich um ein Doppelsternsystem – zwei junge und sehr heiße Sterne kreisen dort umeinander. Die Strahlung der Sterne zerstört die Moleküle in der Gaswolke und bläst buchstäblich das umgebende Gas hinaus in den Weltraum. Der gerade entstandene Sternhaufen entledigt sich also schleunigst der Spuren seiner Vergangenheit.

Noch ist allerdings nicht alles Gas verdampft – rechts trifft die Strahlung auf die noch recht kompakten dunklen Gas- und Staubmassen. Bis sich die Strahlung hier „hindurchgefressen" hat, wird noch einige Zeit vergehen. Hilfe kommt aus der dunklen Wolke selbst. Mitten im dunkelsten Bereich der Wolke leuchtet schon eine kleine helle Ansammlung blauer Sterne. Diese Sterne sind gerade entstanden und haben bereits ein „Loch" in die dichten Gas- und Staubschwaden geblasen, durch das sie bis zu uns scheinen. Genau hier hat bereits 1983 der europäische Infrarotsatellit IRAS ein großes Sternentstehungsgebiet entdeckt – damit ist klar, dass hinter den für das sichtbare Licht undurchdringlichen Staubschwaden bereits Dutzende von Sternen entstanden sind.

Im Rest der Staubwolke läuft nun ein Wettlauf mit der Zeit: Kann sich noch mehr Gas und Staub zu Sternen verklumpen – oder kommt es nicht mehr dazu, weil die bereits entstandenen Sterne das Material zu schnell mit ihrer Strahlung verdampfen? Wie der Wettlauf ausgeht, lässt sich ganz leicht sagen: Einfach in 500 000 Jahren wieder hingucken, dann sieht man's.

Infrarotaugen durchdringen den Staub

Die Bedeutung der Infrarotastronomie für die Erforschung der Sternentstehung lässt sich kaum überschätzen. Im sichtbaren Licht blicken die Astronomen praktisch immer wie der Ochs auf den Berg. Erst im Bereich der längerwelligen Infrarotstrahlung kommt Licht ins Dunkel der Sternentstehung. Waren die Forscher hier jahrelang auf Satelliten angewiesen, so machen exzellente Teleskope an idealen Standorten nun auch teilweise Infrarotastronomie vom Erdboden aus möglich. Im „klassischen" Infrarotbereich sind die Wissenschaftler allerdings nach wie vor auf Satelliten angewiesen, da der Wasserdampf der Erdatmosphäre die Strahlung aus dem Kosmos schluckt.

In einigen engen Bereichen, so genannten atmosphärischen Fenstern, dringt Infrarotstrahlung allerdings auch bis zur Erdoberfläche vor. Voraussetzung ist ein äußerst trockener Standort. NTT und VLT stehen beide in der chilenischen Atacama-Wüste, einem der besten Standorte für Infrarotastronomie weltweit. Aber selbst diese Spitzenteleskope sind äußerst empfindlich: Das NTT darf schon ab Windstärke 6 bis 7 nicht mehr beobachten und muss seinen Beobachtungsdom schließen. Auf La Silla trägt der Wind viele Staubteilchen aus der umgebenden Wüste mit – würden sich auch nur Spuren dieses Staubes beim geöffneten Teleskop auf dem 3,58-Meter-Spiegel ablagern, so würde allein die thermische Strahlung der Staubteilchen das Teleskop infrarotblind machen. Der Spiegel müsste nach jeder „windigen" Beobachtung aufwändig gereinigt werden – um das zu umgehen, gibt es die besagte Beobachtungseinschränkung.

Auch das VLT, das auf Cerro Paranal – einem der trockensten Orte der Erde – steht, besticht mit Infrarotaufnahmen. Eines der ersten Beobachtungsobjekte war das 5000 Lichtjahre entfernte Sternentstehungsgebiet RCW 38 (siehe rechts). Im sichtbaren Licht ist dort wegen der starken Dämpfung durch Staub und Gas von den jungen Sternen nichts zu

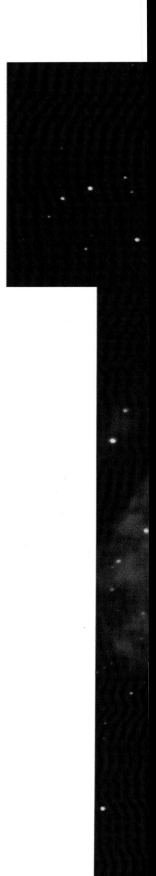

Infrarotaufnahme des 5000 Lichtjahre entfernten Sternentstehungsgebiets RCW 38. Der Durchmesser der Wolke beträgt etwa drei Lichtjahre – weniger als die Entfernung der Sonne zum nächsten Stern. (VLT)

sehen. In drei Infrarot-Filtern reichten schon elfeinhalb Minuten Belichtung (allerdings mit einem sehr großen Spiegel), um faszinierende Details zu offenbaren. Die Sterne sitzen noch mitten in der Gas- und Staubwolke, in der sie entstanden sind, und beleuchten den Staub beziehungsweise regen die Gasmassen zum Leuchten an.

Vor dem Hintergrund der hellen Gasschleier, insbesondere vor dem blauen Bereich rechts auf der Abbildung Seite 45, zeichnen sich unregelmäßig geformte dunkle Gebilde ab. Diese Silhouetten sind stark zusammengeklumpte Gas- und Staubmassen, aus denen gerade weitere Sterne entstehen. Diese abgespaltenen Teile lagen am Rand der ursprünglichen großen Wolke und sind mit der Sternentstehung noch nicht so weit fortgeschritten wie die zentralen Bereiche. Vielleicht zündet im Innern dieser Dunkelwolken erst jetzt ein Stern. Diese Wolken sind gewissermaßen das Bindeglied zwischen klassischen Globulen wie Barnard 68 und schon entstandenen jungen Sterne wie sie im Zentrum von RCW 38 zu sehen sind.

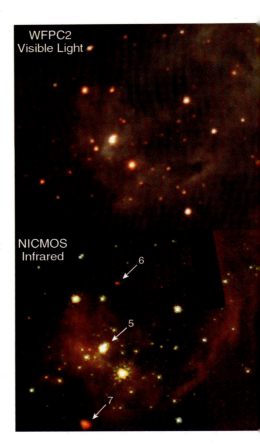

Die kosmische Tarantel

Wie es bei der Entstehung von Sternhaufen weitergeht, zeigt der Tarantel-Nebel im Sternbild Goldfisch. Dieser Nebel liegt etwa 170 000 Lichtjahre entfernt in der „Großen Magellanschen Wolke". Im Tarantel-Nebel sind bereits viele sehr heiße Sterne entstanden, die so hell leuchten, dass der Nebel selbst über diese große Entfernung mit bloßem Auge zu sehen ist – es ist der einzige extragalaktische Nebel, der ohne Teleskop zu erspähen ist, und eines der größten bekannten Sternentstehungsgebiete in der gesamten Lokalen Gruppe. Der gewaltige Sternhaufen R136 nahe dem Nebelzentrum enthält Tausende von jungen, heißen Sternen – einige davon sind die größten, heißesten und massereichsten Sterne, die die Astronomen bisher im All entdeckt haben.

Infrarot und sichtbares Licht – zwei Wege, ein Ziel

Doch damit hat der Tarantel-Nebel sein Pulver noch keineswegs verschossen. Das Hubble-Weltraumteleskop (HST) hat in den hellen Nebelmassen rechts oberhalb des hellen roten Sterns nahe R136 alle Phasen der Sternentstehung eingefangen (Abbildung auf dieser Doppelseite oben).

Sieben junge Objekte sind mit Nummern markiert. Objekt 1 ist ein gerade entstandener kompakter Sternhaufen, den drei besonders massereiche Sterne dominieren. Dieser Haufen ist am Kopf einer großen „Staubsäule" entstanden, die genau auf den Riesenhaufen R136 zeigt, der rechts unten außerhalb des Bildausschnitts liegt. R136 bläst viel Gas und Strahlung in den umgebenden Weltraum. Trifft dieses Material auf ruhendes Gas, formt es bizarre Gebilde – fast so wie die Meeresbrandung Strandgut umspült. Die Staubsäule steht gewissermaßen der aufbrandenden Strahlung im Weg und wird nun allmählich weggepustet. Zuvor lässt der Druck von außen die Staubmassen kollabieren – neue Sterne entstehen. Der junge Haufen an der Spitze der

Spannende Gegend im Tarantel-Nebel – oben im sichtbaren Licht, unten im Bereich der nahen Infrarotstrahlung. Markiert sind unterschiedliche Stadien der Sternentstehung (HST)

5 light years

Staubsäule ist bereits freigespült – genau deshalb ist er sowohl im Infraroten als auch im sichtbaren Licht zu sehen.

Ganz anders ist das bei den Objekten 2 und 3. Hier hat Hubble ganz junge Sterne erwischt, die noch in ihrer „Fruchtblase" sitzen – also noch in den Resten der Gas- und Staubwolke, aus der sie entstanden sind. Im sichtbaren Licht lassen sich mit viel gutem Willen zwei dunkle Wolken schemenhaft erkennen – im Infraroten gehören sie mit den von den jungen Sternen aufgeheizten Staubmassen dagegen schon zu den hellsten Objekten im Blickfeld. Infrarotstrahlung dringt im Gegensatz zum sichtbaren Licht weitestgehend ungehindert durch den Staub nach draußen. Bei Objekt 4 hat selbst die Infrarotstrahlung noch ihre Mühe. Im sichtbaren Licht zeichnet eine kleine Globule ihre Silhouette vor den hellen Hintergrund – im Infraroten zeigt sich ein tiefroter Sternembryo, der noch inmitten seiner sehr kompakten Staubwolke sitzt.

Der Sternhaufen Hodge 301 am Rand des Tarantel-Nebels. Die drei hellen roten Sterne im Haufen können schon morgen als Supernovae explodieren. (HST)

Diese vier Objekte zeigen gewissermaßen den Countdown der letzten Phase der Sternentstehung – die Objekte 2 und 3 befinden sich in einer etwas späteren Phase als Objekt 4, aber in einer etwas früheren als Objekt 1.

Objekt 5 ist ein weiteres junges Drei-Sterne-System, das in einem Haufen schwächerer Sterne sitzt und auch schon im sichtbaren Licht klar zu sehen ist. Auffallend sind aber die Objekte 6 und 7, die mit dem Haufen perfekt auf einer Linie liegen und jeweils fünf Lichtjahre von ihm entfernt sind – sie sind hell im Infraroten, aber unsichtbar im sichtbaren Licht. Möglicherweise sind die Hubble-Forscher hier auf ein ganz neues Phänomen gestoßen. Denn man könnte diese Flecken als „Einschlagspunkte" deuten, in denen zwei eng begrenzte Materieströme, so genannte Jets, in das „normale" Nebelgas treffen. Die Jets schießen in entgegengesetzter Richtung vermutlich aus der Materiescheibe um einen jungen Haufenstern heraus.

Diese Hubble-Aufnahmen sind ein Paradebeispiel dafür, wie wichtig die Forschung bei unterschiedlichen Wellenlängen ist. Der Himmel im Infraroten sieht oftmals ganz anders aus als im sichtbaren Licht. Da die Objekte je nach physikalischem Zustand in unterschiedlichen Spektralbereichen leuchten, spüren die Wissenschaftler so ganz anderen Phänomenen nach. Es ist also keineswegs „Luxus", dasselbe Objekt in vielen Spektralbereichen zu beobachten – ganz im Gegenteil: Wie viele Mosaiksteinchen ergeben die Daten erst gemeinsam ein umfassendes Bild vom Kosmos.

Sterne, die jung sterben

Rechts oberhalb der Tarantel, als sei es eine alte abgelegte Beute der Spinne, zeigt sich der Sternhaufen Hodge 301. Auch er entstammt demselben Sternentstehungskomplex, ist aber etwa zehnmal älter als R136. Gemessen am Alter der Sonne ist er damit immer noch blutjung. Dennoch: Dieses Alter reicht bereits aus, dass seine massereichsten Sterne schon als Supernova explodiert sind. Denn ein Stern mit 30 Sonnenmassen leuchtet zwar etwa 30 000-mal heller als die Sonne – er muss diese Verschwendungssucht aber auch teuer bezahlen: Denn er brennt nur etwa ein Tausendstel der Zeit, die unsere Sonne zur Verfügung hat. Die massereichsten Sterne sind mithin schon nach wenigen Millionen Jahren buchstäblich ausgebrannt und haben sich in gewaltigen Supernova-Explosionen vernichtet.

Auch Hodge 301 hat bereits seine extrem massereichen Sterne verloren – die Hubble-Aufnahme (Seite 47 unten) zeigt in atemberaubender Detailfülle, welche Auswirkungen das auf die umgebenden Nebelmassen hat. Denn links oberhalb des Sternhaufens – in Richtung der Kernregion des Tarantelnebels – zeigen sich filamentartige Strukturen. Hier rammen Schockwellen von Sternexplosionen im Sternhaufen in die Gasmassen des Nebels – das Material der explodierten Sterne rast mit über 300 Kilometern pro Sekunde auf den Nebel zu. Dabei fegen diese Wellen viel Material auf oder „überlaufen" es einfach – wir sehen die typischen länglichen Strukturen. Bei genauem Hinsehen zeigen sich zwischen Haufen und Nebel sogar wieder einige kleine dunkle Flecken – Globulen – und ein paar dunkle „Säulen". Hier entstehen schon wieder neue Sterne.

Explosionswellen von Supernovae geben im All liegenden kalten Gas- und Staubwolken wie Barnard 68 gleichsam den ersten Schubs – nach diesem Anfangsschwung verdichten sie sich und setzen die Sternentstehung in Gang. Im Tarantelnebel liegen also Werden und Vergehen sehr dicht beieinander – teilweise hängen sie sogar unmittelbar voneinander ab. Das Sterben und Aufleben geht noch weiter: In Hodge 301 fallen drei sehr rote Sterne auf – diese Riesensterne sind kurz davor, als Supernovae zu explodieren. Schon sehr bald werden auch sie spektakulär ihr Leben beschließen – vielleicht morgen, vielleicht übermorgen, vielleicht in 20 000 Jahren, aber auf jeden Fall astronomisch gesehen sehr bald. Dann werden sie wieder den Staub „nötigen", neue Sterne entstehen zu lassen.

Rechts: Im Gebiet Chamaeleon I regen junge heiße Sterne die umgebenden Gasmassen zum Leuchten an. Der Bildausschnitt überdeckt etwa ein Zehntel der Vollmondfläche. (VLT)

Der Tarantel-Nebel in der Großen Magellanschen Wolke. Die Spinne hat scheinbar gerade den Sternhaufen R136 gepackt. Die Sterne stammen aus derselben Gas- und Staubwolke wie der Nebel, der einen Durchmesser von mehr als hundert Lichtjahren hat. Rechts oben: der Sternhaufen Hodge 301. (VLT)

„Star-Way to Heaven"
Der sternige Weg im All

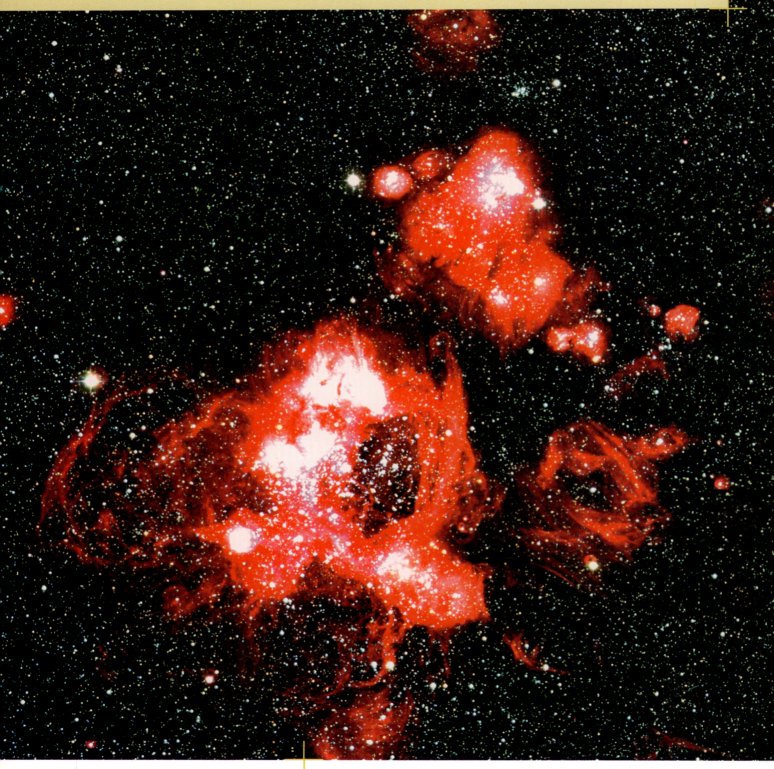

Das Gebiet N 44 in der Großen Magellanschen Wolke ist eine komplexe Struktur aus Sternen, Gas- und Staubmassen. Die jungen heißen Sterne regen das Wasserstoffgas zum charakteristischen roten Leuchten an. (WFI)

In Zeiten, da die Astronomen über eine Distanz von Milliarden von Lichtjahren ganze Galaxienhaufen studieren, mag es fast ein wenig unfein erscheinen, sich mit „schnöden" Einzelsternen in der näheren Umgebung zu befassen. Bei allem Vordringen in die Tiefen des Universums – die Sterne selbst haben nichts von ihrem Reiz verloren. Zwar ist seit Ende der zwanziger Jahre im Groben bekannt, wie ein Stern funktioniert (also woher er seine Energie nimmt) – aber Details zu untersuchen, ist nach wie vor sehr schwierig. So haben denn die Astronomen auf dem VLT-Eröffnungssymposium im chilenischen Antofagasta im März 1999 den Workshop, der die Erforschung einzelner Sterne oder Sterntypen zum Thema hatte, nicht ohne Stolz „Star-Way to the Universe" betitelt – in pfiffiger Anlehnung an den alten Led Zeppelin-Song „Stairway to heaven".

Tatsächlich muss jeder, der etwas über das Universum im Großen erfahren will, über die Sterne in den Himmel steigen. Ob Entfernungsmessung oder chemische Analyse, ob Dynamik des Weltalls oder Entwicklung von Galaxien, ob Altersbestimmung des Kosmos oder Bildung von Planeten – bei allen Projekten führt immer nur die „Sternentreppe" in den Himmel.

Einen ganz besonderen Status werden die Sterne bei allem wissenschaftlichen und technischen Fortschritt ohnehin nie verlieren: Für das bloße Auge sind und bleiben die Sterne die bei weitem wichtigsten Himmelskörper – selbst aus dem Zentrum einer Großstadt können Sie zumindest die hellsten Sterne am Himmel erblicken. In einer klaren Nacht auf dem Land gesellen sich dann zu den dreitausend Sternen ein paar Gasnebel und zwei bis drei Galaxien, die Sie so gerade eben ausmachen können. Es sind die Sterne, die uns beim Blick ans Firmament verzaubern – und eben nicht Schwarze Löcher oder ferne Galaxien. Der emotionale Zugang zum Weltall, das, was wir alle an Astronomischem sinnlich erfahren können, sind eben die Sterne am Nachthimmel.

Ganz offenkundig ist die Bedeutung der Sterne natürlich bei der Planetenentstehung; denn ein Stern und seine möglichen Planeten entstehen mehr oder weniger gleichzeitig aus derselben großen Gas- und Staubwolke. Wer verstehen will, wie sich Planeten bilden, ob sie ganz normale Dreingaben der Natur sind oder ein höchst seltener Glücksfall, der muss sicher zunächst verstehen, wie ein Stern entsteht.

Ein junger Stern schießt um sich

Dass es bei der Sternentstehung alles andere als behäbig zugeht, zeigt der gerade entstandene Stern HH-34 nahe dem berühmten Orion-Nebel, dem nächstgelegenen äußerst aktiven Sternentstehungsgebiet (große Abbildung rechts). Vom Stern HH-34 aus gehen zwei Jets in entgegengesetzter Richtung. Der auf uns gerichtete Jet ist mit einzelnen Materiebrocken klar zu erkennen (der von uns weg gerichtete Jet ist kaum zu sehen). Der Stern scheint von Zeit zu Zeit „Kugeln" abzufeuern, die dann mit bis zu 250 Kilometern pro Sekunde in die umgebende interstellare Materie krachen.

Vermutlich umgibt den jungen Stern noch immer eine Scheibe aus Gas und Staub, aus der gelegentlich größere Materiemengen auf den Stern stürzen. Der Stern erleidet dann gewaltige „Ausbrüche" und schleudert das Material senkrecht zur Scheibe weg. Knapp ein Lichtjahr vom Stern entfernt fallen auf beiden Seiten zwei krampenförmige Strukturen auf – hier ziehen die Materiebrocken der Jets eine Art Bugwelle hinter sich her. Die aufprallende Materie regt das interstellare Gas zum Leuchten an. Die „Krampen" sind sehr fein strukturiert und lassen nur erahnen, was sich dort abspielt, wenn heiße Materiebrocken eines nahen Sterns auf die ruhenden Gasschleier der Umgebung prallen und diese überlaufen. Zudem gibt es in der Nähe des Sterns zwei ähnliche Strukturen, die senkrecht zum großen Jet orientiert sind.

Von links oben scheint eine Geisterhand viel Material in die den Stern umgebende Gaswolke zu gießen – ein völlig rätselhafter „Wasserfall". Was regt diesen Gasschlauch zum Leuchten an? Auf halber Höhe, links der oberen Krampe, reflektieren die grünlichen Gasmassen das gelbe Licht des „Wasserfalls".

Kleiner Stern ganz groß

Das Phänomen einer Materiescheibe um ein kompaktes Objekt nennen die Astronomen allgemein „Akkretion" – von lateinisch accretio = Zunahme. Rotiert eine Gas- und Staubwolke, sammelt sich die Materie sehr schnell in einer flachen Scheibe, in deren Zentrum sich dann ein Stern bildet. Aber es geht auch anders herum: Ein massives Objekt saugt umgebende Materie an, die dann ebenfalls erst eine Akkretionsscheibe bildet, durch die sie auf das zentrale Objekt spiralt. Dies ist denn auch die heutige Vorstellung von den Vorgängen im Innern einer aktiven Galaxie, einem so genannten Quasar. Quasare leuchten vermutlich deshalb so hell, weil in ihrem Innern ein supermassives Schwarzes Loch Materie aufsaugt.

Der berühmte Orion-Nebel M 42 (1500 Lichtjahre entfernt) im Infrarotlicht. In der Mitte das „Trapez", eine Gruppe aus jungen, heißen Sternen. Rechts oberhalb leuchtet die rötliche Kleinman-Low-Nebel. In seinem Zentrum entsteht gerade ein 30 Sonnenmassen schwerer Stern, dessen Aktivität das schmetterlingsförmige Gebilde verursacht. (Subaru)

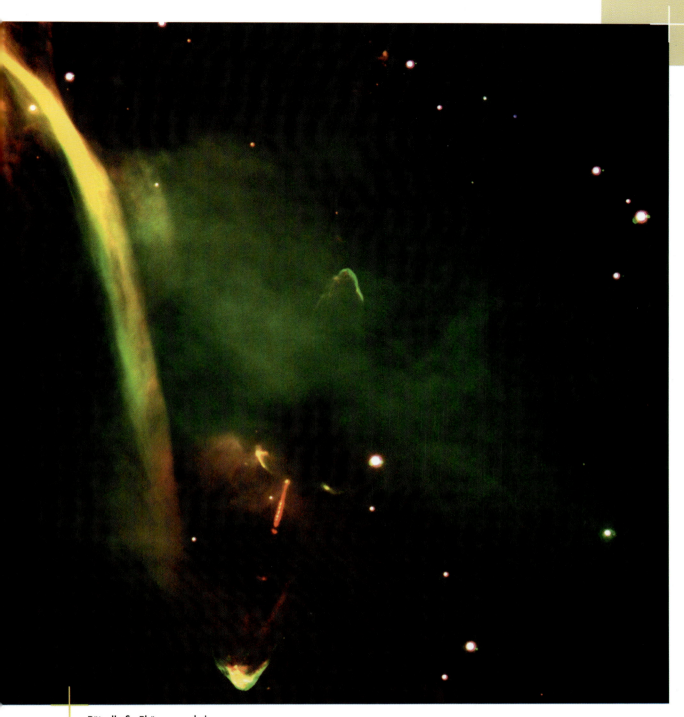

Rätselhafte Phänomene beim 1500 Lichtjahre entfernten, jungen Stern HH-34: Aus der Umgebung des Sterns zielen vier Materiejets (siehe Text) in die Umgebung – und wer gießt „von oben" das gelb leuchtende Gas hinein? (VLT)

Ob im Kleinen oder im Großen – die Vorgänge bei der Akkretion sind alles andere als gut verstanden. Auch wenn der kleine Stern HH-34 im Sternbild Orion und ein riesiger Quasar am Rande des Kosmos auf den ersten Blick nichts miteinander zu tun haben – offenbar laufen bei beiden, wenn auch auf völlig unterschiedlichen Größenskalen, die gleichen physikalischen Vorgänge ab. Etwas verkürzt formuliert: Wer HH-34 versteht, versteht auch die Quasare – eben „Star-Way to Heaven".

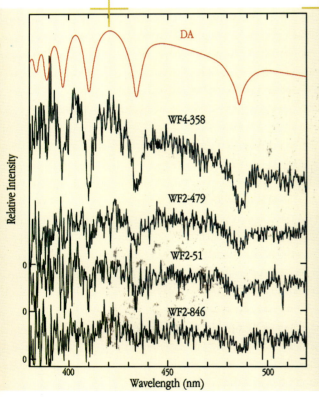

Vier Spektren von Weißen Zwergen in NGC 6397 – aufgenommen mit dem VLT. Der Vergleich mit einem typischen Weißer-Zwerg-Spektrum (rot) zeigt, dass das Instrument wirklich nur das gewünschte Licht gesammelt hat – ohne nennenswerte Störung durch die hellen Nachbarn.

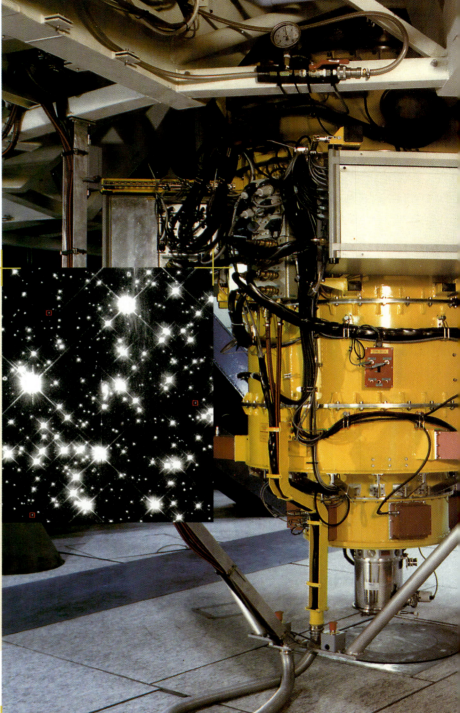

Kleines Bild oben: Ein kleiner Ausschnitt des Kugelsternhaufens NGC 6397. Das Blickfeld entspricht der Ausdehnung eines Pfennigstücks in 30 Meter Entfernung – aber selbst dieses winzige Gebiet ist völlig von Sternen übersät und enthält einige Weiße Zwerge (rot markiert). (HST)

Weiße Zwerge bestimmen das Weltalter

Auch beim Alter des Universums spielen viele kleine Sterne eine große Rolle – ausgerechnet „Weiße Zwerge" helfen den Astronomen beim Datieren des Urknalls. Weiße Zwerge sind Reste von Sternen, die etwa so groß waren wie die Sonne. Brennen sonnenähnliche Sterne aus, so bleibt ein Weißer Zwerg zurück, der zwar noch in etwa so viel Masse wie die Sonne hat, aber trotzdem nur gut erdgroß ist. Weiße Zwerge haben keine innere Energiequelle mehr – sie strahlen nur noch die Restenergie ihres Vorgängersterns ab und verblassen allmählich. Ihre Oberflächentemperatur liegt oft bei 50 000 bis 100 000 Grad Celsius (zum Vergleich: Die Sonne hat etwa 6 000 Grad).

Den ersten Weißen Zwerg entdeckten die Astronomen zufällig 1862 als Begleiter des Sirius – des hellsten Sterns am Nachthimmel der Erde. Heute sind viele weitere Exemplare bekannt. Weiße Zwerge sind nur über ihre Spektren zweifelsfrei zu identifizieren. Eine grobe Auswahl lässt sich über Farbe und Helligkeit treffen: Ein blau-weißer Stern, der relativ lichtschwach ist, ist meist ein Weißer Zwerg. Solche Kandidaten hat das Hubble-Weltraumteleskop in einem etwa 8.000 Lichtjahre entfernten Kugelsternhaufen im Sternbild Altar gefunden (kleines Bild links).

Wie Astronomen die Kurve kriegen

Eine der wichtigsten astronomischen Beobachtungsmethoden ist die Spektroskopie. Für die Aufnahme eines Spektrums zerlegt ein spezielles Zusatzgerät am Teleskop das Sternenlicht in seine unterschiedlichen Wellenlängen (also Farben). Beim Spektrum messen die Astronomen die Helligkeit eines Objekts (also die Menge der empfangenen Strahlung) in Abhängigkeit der Wellenlänge. Die Spektren der Weißen Zwerge dieses Kugelsternhaufens (ganz links) mögen zunächst als „langweilige Kurven" erscheinen – aber das ändert sich rasch.
Aus den Absorptionslinien – das sind die tiefen Täler in der Kurve, von denen insbesondere im Spektrum von WF4-358 vier sehr gut zu erkennen sind – lassen sich die Temperatur und die Schwerkraft an der Sternoberfläche abschätzen: WF4-358 ist 18 000 Grad Celsius heiß. Aus Temperatur und Schwerkraft an der Oberfläche wiederum können die Astronomen die Masse des Weißen Zwerges ableiten: WF4-358 hat etwa 0,36 Sonnenmassen, die drei anderen haben je etwa 0,5 Sonnenmassen. Der springende Punkt ist, dass die Masse großen Einfluss auf die Helligkeit eines Weißen Zwerges hat. Die Astronomen wissen, wie viel Strahlung ein Weißer Zwerg bestimmter Masse aussendet. Vergleichen die

Mit dem Focal Reducer and Spectrograph (FORS) – dem Allzweckgerät des VLT – lassen sich Bilder und Spektren aufnehmen. Das VLT verfügt über zwei FORS-Geräte.

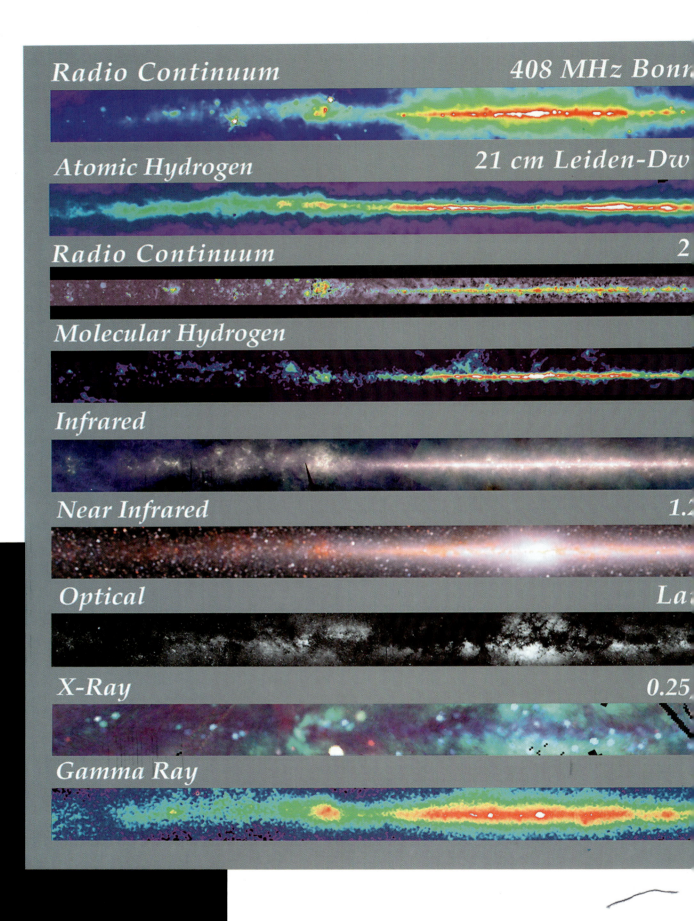

Unsere Milchstraße – durch neun „Brillen" gesehen. Je nach beobachteter Strahlung bietet unsere Heimatgalaxie einen völlig unterschiedlichen Anblick (vergleichen Sie das Aussehen bestimmter Einzelobjekte in den neun Bildern!). Angegeben sind Strahlungsart, Frequenz beziehungsweise Wellenlänge und die beteiligten Instrumente.
Von oben nach unten: Radiokontinuum, atomarer Wasserstoff, ein weiteres Radiokontinuum, molekularer Wasserstoff, Infrarot-, Nah-Infrarot-, Optische, Röntgen- und Gamma-Strahlung.
Die optische Aufnahme bietet den vertrauten Anblick des schimmernden Milchstraßenbandes mit dunklen Staubwolken. Der im Optischen dunkle Staub ist dagegen die auffallendste Struktur der Infrarot-Aufnahmen.
Auch der Wasserstoff ist vor allem in der Ebene der Milchstraße konzentriert, wogegen im Röntgenlicht die Milchstraßenebene kaum auffällt.
Als Faustregel gilt, dass die beobachteten Objekte von oben nach unten immer heißer werden. Das Röntgenbild zeigt Gas, das einige Millionen Grad heiß ist – die Radiostrahlung stammt dagegen von recht kühlen Gasmassen. Die für die einzelnen Bilder empfangene Strahlung stammt also von völlig unterschiedlichen physikalischen Prozessen. Jede Aufnahme bietet gleichsam eine ganz neue Perspektive auf unsere Milchstraße. Erst die Kombination von Beobachtungen in mehreren Wellenlängenbereichen liefert ein umfassendes Bild der Himmelsobjekte.

Forscher nun, wie hell sie Weiße Zwerge in einem weit entfernten Haufen und in unserer Nähe (etwa bei Sirius) sehen, so lässt sich aus der Helligkeitsdifferenz sofort die Entfernung bestimmen – Faustregel: Je schwächer der Weiße Zwerg erscheint, desto weiter ist er entfernt. Die Astronomen nutzen die Weißen Zwerge also als eine Art Maßband, als Werkzeug zur Entfernungsbestimmung.

Nur gleich schwere Weiße Zwerge sind auch gleich hell

Wie die recht große Schwankung der Massen der Weißen Zwerge in NGC 6397 zeigt, haben die Forscher bisher aus Unkenntnis oft Weiße Zwerge sehr unterschiedlicher Masse verglichen. Diese Weißen Zwerge senden aber gerade nicht gleich viel Strahlung aus und sind somit zur Entfernungsbestimmung ungeeignet. Das ist also der Knackpunkt: Die Astronomen müssen wirklich Äpfel mit Äpfeln vergleichen, also Weiße Zwerge gleicher Masse.

Dank der VLT-Beobachtungen können die Forscher nun zum Beispiel die scheinbare Helligkeit des 0,36 Sonnenmassen schweren WF4-358 mit der scheinbaren Helligkeit eines Weißen Zwerges ähnlicher Masse mit bekannter Entfernung vergleichen – dann ist sofort auch die Entfernung von NGC 6397 recht präzise bekannt.

Wissen die Astronomen dann endlich die genaue Entfernung dieses Kugelsternhaufens, so können sie auch dessen Alter viel genauer bestimmen – und das ist kosmologisch äußerst interessant. Kugelsternhaufen sind kompakte Ansammlungen von einigen Millionen Sternen. Sie zählen zu den ältesten Objekten im Universum. In unserem Milchstraßensystem sind mehr als 100 Exemplare bekannt. Anders als einzelne Sterne oder offene Sternhaufen sind Kugelsternhaufen nicht in der Ebene der Milchstraße konzentriert. Nach gängiger Vorstellung sind sie praktisch gleichzeitig mit der Galaxis entstanden – nur wenige Milliarden Jahre nach dem Urknall.

Das Alter der Kugelsternhaufen ist für die Kosmologen eine recht genau zu bestimmende Untergrenze der Zeit, die seit dem Urknall vergangen ist. Beobachten die Astronomen einen 13 Milliarden Jahre alten Kugelsternhaufen, so muss das Universum logischerweise älter sein, vielleicht 15 Milliarden Jahre – auf jeden Fall scheiden dann alle Modelle aus, die ein 12 Milliarden Jahre altes Universum liefern. Das mag fast banal klingen, aber tatsächlich ist – mangels anderer ähnlich guter Methoden der Altersbestimmung – das Alter der Kugelsternhaufen nach wie vor ein äußerst wichtiger Befund für die Kosmologie.

Die Weißen Zwerge in NGC 6397 zeigen, wie Disziplinen der Astronomie ineinander greifen. Das zunächst „unwichtig" erscheinende Spektroskopieren von Weißen Zwergen liefert über eine raffinierte Argumentationskette (zur Erinnerung: Absorptionslinien – Temperatur und Schwerkraft – Masse – Helligkeit – Entfernung – Alter des Kugelhaufens) Informationen über den Kosmos insgesamt.

Ein starkes Doppel

Zudem zeigt dieses Projekt, wie gut sich unterschiedliche Teleskope ergänzen. Das Hubble-Weltraumteleskop kann zwar in dem Sterngewimmel eines Kugelsternhaufens Kandidaten finden, aber keine Spektren der lichtschwachen Weißen Zwerge aufnehmen. Dazu bedarf es der herausragenden Technik des VLT, das mit seinen 8-Meter-Spiegeln genug Licht für ein Spektrum auffängt. Die Weißen Zwerge in NGC 6397 sind zwischen 23 und 24 Magnituden hell, das heißt, sie sind sieben- bis 15-Millionen Mal zu schwach, um sie noch mit bloßem Auge sehen zu können. Das VLT verfügt über besonders gute Spektrographen, die mehrere Objekte gleichzeitig beobachten können. Im Teleskop sind die Aufnahmegeräte über lichtleitende Glasfaserkabel mit dem Hauptinstrument verbunden. Als ob eine Spinne ihre Beine auf ganz bestimmte Punkte setzt, fahren im VLT die Aufnahmegeräte genau an die Position der zu beobachtenden Weißen Zwerge. Durch die Spinnenbeine (die Glasfaserkabel) läuft das Licht dann in den Spinnenkörper (den Spektrographen).

Diese moderne Technik spart den Astronomen zum einen viel Zeit, da sie die Objekte gleichzeitig und eben nicht erst nacheinander beobachten. Zum anderen beobachten die Wissenschaftler auf diese Weise die Objekte auch unter denselben Bedingungen – schließlich gibt es viele Faktoren, die eine Beobachtung stören (Dunstschleier, Luftfeuchte, Höhe der Objekte am Himmel, Temperatur von Teleskop und Detektor und vieles mehr). Gerade bei so schwachen Objekten wie den Weißen Zwergen in NGC 6397 ist es von unschätzbarem Wert, dass alle Daten denselben Störeinflüssen unterliegen.

Eine weitere technische Herausforderung hat das VLT brillant gemeistert: Das Teleskop hat für die Spektren wirklich nur das Licht der Weißen Zwerge aufgenommen. In unmittelbarer Nähe der Kandidaten stehen viel hellere normale Sterne. Wäre bei der Beobachtung auch deren Licht in die Spektrographen gelangt, wäre die gesamte Mühe vergeblich gewesen. So wie Essig jede geschmackliche Note eines feinen Weines übertüncht, hätte auch das Licht der hellen Sterne die Spektren der Weißen Zwerge völlig überlagert.

Für die Kosmologie hat noch eine weitere Art von „toten" Sternen eine überragende Bedeutung: Supernovae, die gewaltigen Explosionen am Lebensende sehr massereicher Sterne, entschlüsseln sogar die Dynamik des Weltalls – von diesem „Star-Way to heaven" ist im nächsten Kapitel die Rede.

Infrarot-Ansicht der Region NGC 3603, einem etwa 20 000 Lichtjahre entfernten sehr aktiven Sternentstehungsgebiet. Der Haufen in der Bildmitte hat einen Durchmesser von nur etwa 2,5 Lichtjahren und ist mit mehr als 50 Exemplaren die dichteste Ansammlung sehr massereicher Sterne in der Milchstraße. (VLT)

Supernovae: kurz, aber heftig
Werkzeuge, die die Welt bewegen

Es war der 4. Juli 1054 – chinesische Chroniken vermerken für diesen Tag das Auftauchen eines „Gaststerns". An einem heißen Sommertag war den kaiserlichen Hofastronomen urplötzlich ein strahlender Punkt am Firmament aufgefallen, der heller als die Venus leuchtete und für etwa drei Wochen sogar am helllichten Tage neben der Sonne zu beobachten war. Indianer im heutigen New Mexico ritzten einen hellen Stern mit einer dicht dabei stehenden Mondsichel in den Felsen. Aus Europa liegen keine Berichte vor – vielleicht war es ein verregneter Sommer.

Was da zur Jahresmitte 1054 für Aufsehen sorgte, war die Explosion eines massereichen Sterns, eine Supernova. Im Sternbild Stier hatte sich ein Stern von mehrfacher Sonnenmasse am Ende seines Lebens in Stücke gerissen. Einige Tage lang leuchtete er heller als Milliarden normaler Sterne zusammen, um danach allmählich zu verlöschen. Erst viele Jahrhunderte später bekam die Menschheit die Reste des explodierten Sterns wieder zu Gesicht. Durch ein Teleskop betrachtet, legt der Krebsnebel (siehe Seite 62 und 63) bis heute Zeugnis der dramatischen Vorgänge jener Tage ab.

Die bei der Explosion weggeschleuderten äußeren Schichten des Sterns prallen auf ruhendes Gas in der Umgebung und lassen ein geradezu filigranes Gebilde entstehen. Vergleiche zwischen Aufnahmen von heute und vor einigen Jahrzehnten zeigen, dass sich der Nebel weiter ausdehnt – und dass seine Bewegung vor etwa 950 Jahren begonnen haben muss. Der Krebsnebel ist also tatsächlich der Rest der damals beobachteten Sternexplosion.

Die Reste der Supernova 1987 A am Rand der Großen Magellanschen Wolke. Auffallend die beiden roten „Henkel" um den zentralen hellen Ring. (HST)

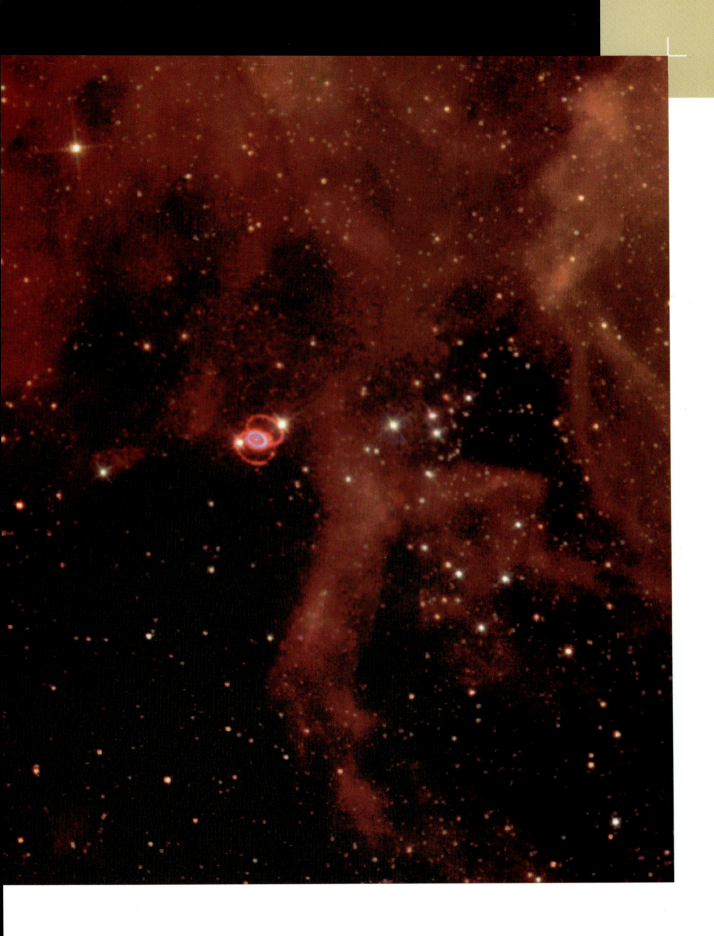

950 Jahre nach der Explosion hat der Krebsnebel (benannt nach seinem Aussehen, nicht nach dem Sternbild!) einen Durchmesser von gut zehn Lichtjahren. In einigen Tausend Jahren wird der Nebel verblassen. (VLT)

Die zentralen Bereiche des Krebsnebels leuchten intensiv im Röntgenlicht. Der innerste Ring hat einen Durchmesser von einem Zehntel Lichtjahr, mehr als 100-mal der Durchmesser unseres Sonnensystems. (Chandra)

Im Zentrum des Krebsnebels leuchtet ein Pulsar, der Rest des explodierten Sterns. Der Pulsar ist der rechte, untere der beiden hellen Sterne nahe der Bildmitte – links eines vom Pulsar beleuchteten kleinen Bogens. (VLT)

Der „tote" Stern pumpt weiter Teilchen in den Nebel

Die bunt schillernde VLT-Aufnahme dokumentiert eine Reihe interessanter physikalischer Phänomene. Die rötlichen und grünlichen Strukturen stammen vor allem von erhitztem Wasserstoff – immerhin rammt die Supernova-Materie noch immer mit einigen Tausend Kilometern

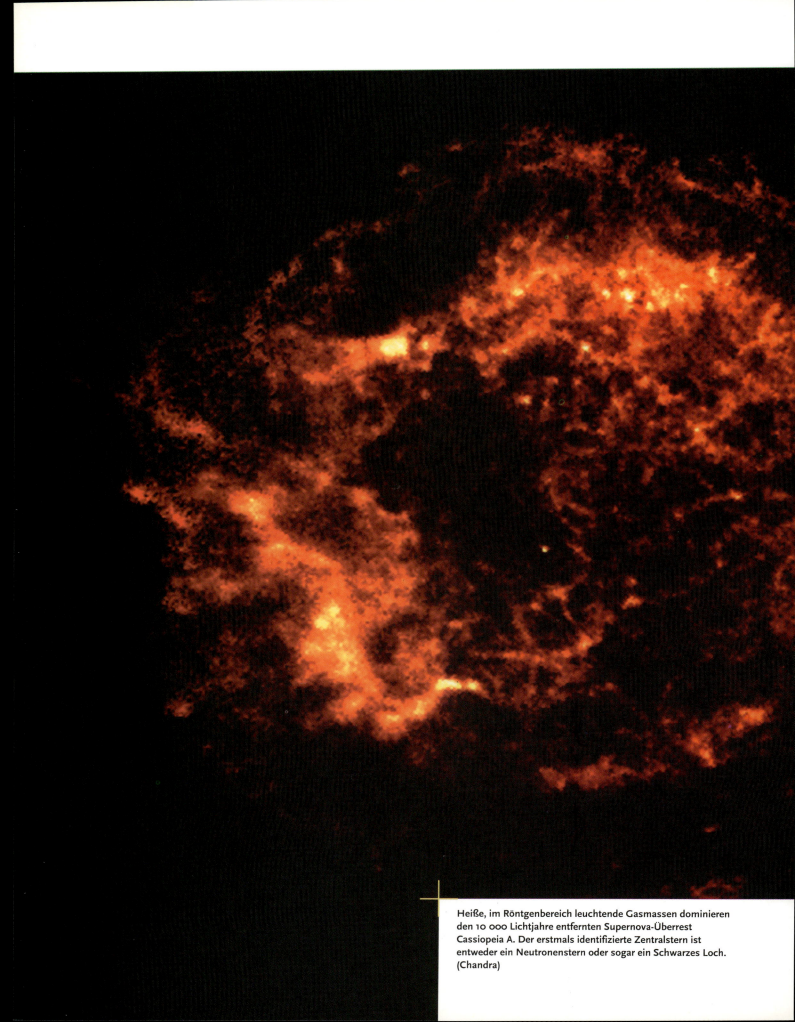

Heiße, im Röntgenbereich leuchtende Gasmassen dominieren den 10 000 Lichtjahre entfernten Supernova-Überrest Cassiopeia A. Der erstmals identifizierte Zentralstern ist entweder ein Neutronenstern oder sogar ein Schwarzes Loch. (Chandra)

pro Sekunde in die ruhenden Gasmassen. Das ständige Aufprallen erhitzt das Gas laufend – die Materie im Krebsnebel ist noch immer sehr heiß, auch wenn die Supernova längst verloschen ist. Besonders auffallend sind die großen bläulichen Bereiche im Innern des Nebels. Hochenergetische Elektronen, die sich fast mit Lichtgeschwindigkeit bewegen, sorgen für das blaue Glimmen. Da die Elektronen beim Abstrahlen dieser so genannten Synchrotronstrahlung Energie verlieren, muss es eine Quelle geben, die laufend neue energiereiche Elektronen nachliefert. Das kann nur der Neutronenstern im Zentrum des Nebels sein – sozusagen die Leiche des Sterns, der 1054 als Supernova explodiert ist.

Ein Neutronenstern ist ein noch kompakterer Stern als ein Weißer Zwerg. Er enthält etwa zwischen eineinhalb und vier Sonnenmassen, hat dabei aber nur geradezu lächerliche 20 Kilometer Durchmesser. Neutronensterne erzeugen keine Energie mehr wie normale Sterne, sondern strahlen nur noch das ab, was sie aus der Supernova retten konnten – sie verwesen gewissermaßen. Wegen ihres starken Magnetfeldes strahlen sie nicht gleichmäßig in alle Richtungen – es gibt lediglich zwei Strahlungskegel entlang der beiden magnetischen Pole. Neutronensterne rotieren sehr schnell. Streicht bei der Rotation des Sterns einer dieser Kegel auch über die Erde, so erkennen wir den Neutronenstern als „kosmisches Leuchtfeuer" und sprechen von einem Pulsar. Der Pulsar im Zentrum des Krebsnebels rotiert 30-mal pro Sekunde.

Der US-Röntgensatellit Chandra sieht im Krebsnebel nur die Röntgenstrahlung der hochenergetischen Teilchen, die durch das Magnetfeld des Nebels laufen (Abbildung Seite 62 unten). Aber anders als bei der optischen VLT-Aufnahme, zeigt Chandra viele Details in der blauen Region der heißen Teilchen. Der zentrale Pulsar ist von einem System leicht gegeneinander geneigter Ringe umgeben – der äußere Ring hat mehr als zwei Lichtjahre Durchmesser. Senkrecht zu den Ringen laufen zwei jetartige Strukturen von der Zentralregion nach außen.

Supernovae: Rettet Leben – spendet Eisen!

Die Chandra-Astronomen halten Supernova-Überreste für so wichtig, dass sie das „First Light" des Satelliten – die erste „wirklich astronomische" Strahlung, die in die Instrumente fällt – mit der Röntgenquelle Cassiopeia A (Cas A) feierten. Diese Supernova ist etwa 320 Jahre alt – allerdings hat wohl niemand die Sternexplosion Ende des 17. Jahrhunderts bemerkt, denn es gibt keinerlei Aufzeichnungen. Vermutlich fand die Explosion hinter einem dichten Staubschleier statt, so dass auf der

Erde nicht viel Licht angekommen ist. Jetzt dokumentiert Chandra die fein strukturierte Gashülle, die etwa zehn Lichtjahre Durchmesser hat. Chandra konnte hier seine ganze Stärke ausspielen und sogar Röntgenspektren aufnehmen, mit deren Hilfe die Forscher etwas über die chemische Zusammensetzung der Wolke erfahren. So sind die äußeren Bereiche des Nebels überraschend eisenreich. Überraschend deshalb, weil Eisen tief im Innern des Sterns entstanden sein muss, der da als Supernova explodiert ist. Offenbar ist bei der Explosion Eisen sehr schnell aus dem Stern herausgekommen und hat die ursprünglich äußeren Materialen des Sternes überholt. Denn siliziumreiches Gas, das in den oberen Sternschichten entstanden ist, befindet sich noch immer nahe dem Zentralstern.

Cassiopeia A hat mit dieser Explosion wieder Material in den umgebenden Weltraum gepumpt. Was hier als heißes Gas mit einigen tausend Kilometern pro Sekunde ins All strömt, wird in mehreren hunderttausend Jahren kaltes Gas sein, das Bestandteil neuer Sterne und Planeten wird. Alles Eisen auf der Erde, ob in den roten Blutkörperchen in unseren Adern oder als Stahlträger, kommt aus Supernovaexplosionen wie Cas A. Schwere Elemente wie Eisen, Silber, Gold und andere entstehen nur in äußerst massereichen Sternen, die dann als Supernova explodieren und ihre frisch „zusammengebackenen" Atome im All verstreuen. Hätte es vor der Entstehung von Sonne und Planeten vor viereinhalb Milliarden Jahren nicht zahllose Supernovae wie Cas A gegeben, so könnten Sie jetzt nicht dieses Buch lesen.

Tychos Supernova

Supernovae haben die Menschen schon immer fasziniert – mag es früher auch mehr ein Erschrecken gewesen sein. Denn die plötzlich auftauchenden Sternexplosionen störten die göttliche Ordnung am Himmel. Doch unser im wahrsten Wortsinne idyllisches Weltbild geriet ausgerechnet durch eine Supernova ins Wanken. Im Herbst 1572 erblickte der dänische Edelmann Tycho Brahe eine plötzlich in der Cassiopeia aufflammende Supernova. Für Tycho ein Wendepunkt – und auch für die Astronomie: Denn Tycho wandte sich unter dem Eindruck der Supernova der Himmelskunde zu. Seine präzisen Beobachtungsdaten der folgenden Jahrzehnte ermöglichten schließlich dem deutschen Mathematiker Johannes Kepler, das neue Weltbild mit der Sonne im Zentrum auf mathematisch korrekte Füße zu stellen.

Und auch heute leben wir wieder in einer Zeit, in der Supernovae buchstäblich die Welt bewegen. In kaum einem anderen Teilgebiet der Astronomie brummt es so sehr, wie derzeit in der Supernova-Forschung.

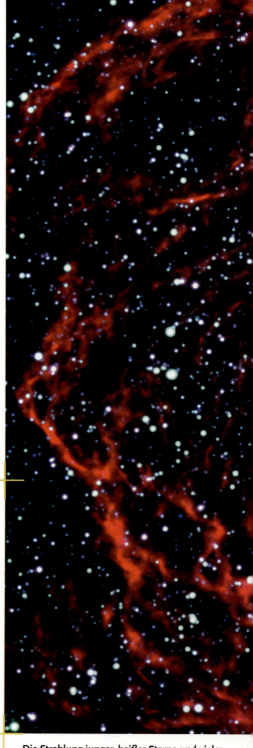

Die Strahlung junger, heißer Sterne und vieler Supernova-Explosionen hat die „Super-Blase" N 70 in die Große Magellansche Wolke gepustet. Das sich weiter ausdehnende heiße Gas hat einen Durchmesser von etwa 300 Lichtjahren. (VLT)

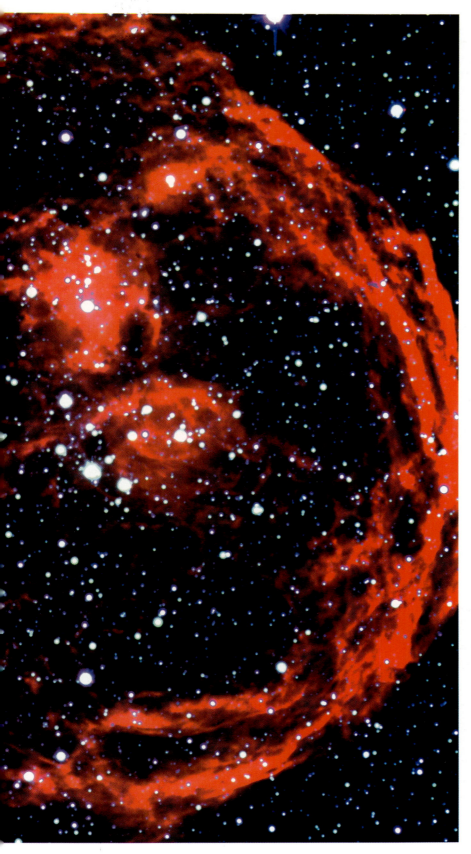

Dies alles verdanken die Astronomen einem weiteren Urerlebnis. Nach der Tycho-Supernova von 1572 gab es nur noch eine weitere helle Supernova am Himmel, die Keplersche des Jahres 1604. Seitdem fieberten die Astronomen der nächsten Supernova-Explosion in unserer Galaxis entgegen. In weit entfernten Galaxien sah man etliche Sterne „hoch gehen" – nur bei uns zu Hause gab es partout nichts zu entdecken.

Das Warten hat ein Ende

In der Nacht vom 23. zum 24. Februar 1987 war es endlich so weit. John Danziger, ein australischer Astronom, der heute in Italien arbeitet, gehörte zu den Glücklichen, die damals gerade auf der ESO-Sternwarte La Silla in Chile waren. Noch heute ist ihm die Erregung über die dramatischen Vorgänge jener Tage anzumerken:

„Wir hatten die erste Nacht unserer Beobachtungszeit durchgearbeitet und waren erst am Nachmittag aufgestanden. Wir kamen zum Tee und jemand verkündete, da sei eine Supernova in der Magellanschen Wolke. Zunächst hielt ich das für einen Witz. Aber es war schnell klar, dass es stimmte. Und wie alle anderen Astronomen auch, haben mein Kollege und ich dann sofort überlegt, wie wir mit unserem Teleskop am besten die Supernova beobachten können."

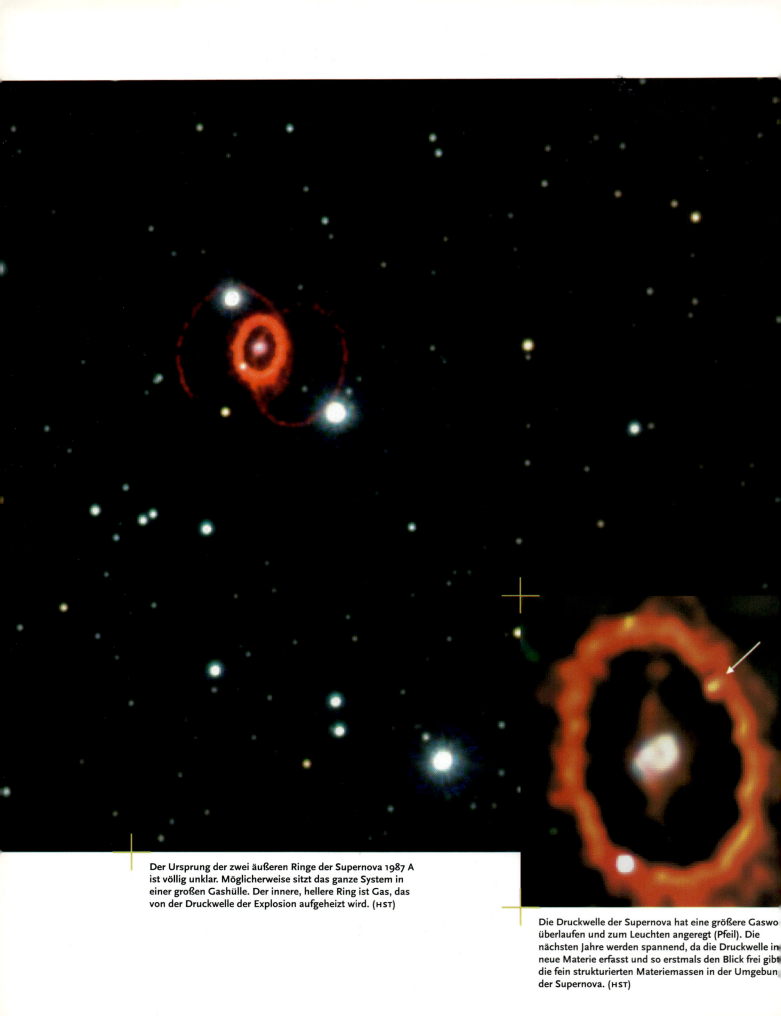

Der Ursprung der zwei äußeren Ringe der Supernova 1987 A ist völlig unklar. Möglicherweise sitzt das ganze System in einer großen Gashülle. Der innere, hellere Ring ist Gas, das von der Druckwelle der Explosion aufgeheizt wird. (HST)

Die Druckwelle der Supernova hat eine größere Gaswo überlaufen und zum Leuchten angeregt (Pfeil). Die nächsten Jahre werden spannend, da die Druckwelle in neue Materie erfasst und so erstmals den Blick frei gibt die fein strukturierten Materiemassen in der Umgebun der Supernova. (HST)

Die Große Magellansche Wolke, in der die Supernova explodiert war, ist etwa 150 000 Lichtjahre entfernt – damit stand die Supernova 1987A, so die offizielle Bezeichnung, streng genommen nicht in unserem Milchstraßensystem, immerhin aber in unserer kleinen Begleitgalaxie. Es war die hellste Supernova seit Keplers Zeiten – für die Astronomen eine einmalige Chance.

„Als es dunkel wurde, waren wir oben am Teleskop. Einerseits wollten wir das Instrument richtig einstellen, andererseits die Supernova mit bloßem Auge am Himmel sehen. Es kann immer jeweils nur einer mit dem Teleskop arbeiten – für die anderen war also Zeit genug, vom Balkon der Kuppel die Supernova zu bestaunen. Kaum hatten wir mit der Beobachtung begonnen, war die Kuppel voll von Leuten, die unsere Messungen sehen wollten.

Es war das erste Mal in meinem Leben – und ich bin seit 40 Jahren Astronom –, dass ich ein Objekt gesehen habe, das sich während der Beobachtung verändert hat. Die Hülle des Sterns war explodiert: Die äußeren Bereiche bewegten sich schneller als die inneren. Je länger wir guckten, desto mehr sahen wir also von den langsameren inneren Bereichen. Jedes Mal wenn wir ein Spektrum aufnahmen, war die Geschwindigkeit zurückgegangen! Dramatische Änderungen innerhalb weniger Stunden.

Normalerweise sind Nächte auf La Silla sehr ruhig – damals aber gab es sehr viel Kontakt unter den Astronomen. Jeder wollte sofort wissen, was der andere gemessen hat. Unsere ursprünglichen Pläne hatten sich zerschlagen – und wir hatten natürlich auch keine Lust, sie wieder aufzunehmen.

Wir gingen zu Bett und waren eigentlich viel zu aufgedreht, um zu schlafen. Am nächsten Tag sind wir viel früher als üblich aufgestanden, um die folgende Nacht zu planen. Sehr schön war, wie sich auf dem Berg die Atmosphäre unter den Wissenschaftlern verändert hat. Denn der Tee am nächsten Tag wurde kurzerhand zum Supernova-Tee umfunktioniert. Wir etwa fünfzehn Astronomen haben alle gemeinsam beim Essen die ersten Ergebnisse diskutiert. So ging das für mich noch sieben Tage – jede Nacht Supernova."

Und Danziger schließt: „I can't myself remember ever being on an observing run and being more excited than that." – „Ich kann mich nicht erinnern, beim Beobachten jemals stärker aufgeregt gewesen zu sein als damals – und das ging sicher allen so auf La Silla."

Die Supernova selbst ist natürlich längst verloschen. Aber die Astronomen haben nun die wunderbare Gelegenheit, die Bildung eines Supernova-Überrests nach Art des Krebsnebels oder Cas A unmittelbar mitzuerleben. 1987A gehört sicher zu den am besten beobachteten Objekten am ganzen Himmel. Die Supernova springt noch immer sofort ins Auge (Bild links) – nun nicht mehr durch ihre Helligkeit, sondern durch die Ringstrukturen. In der Mitte die hell leuchtende Gaswolke, in der der stellare Rest des Vorgängersterns sitzt – entweder ein Neutronenstern oder sogar ein Schwarzes Loch. Der innere Ring entsteht dort, wo die Druckwelle der Explosion mit schier unvorstellbaren etwa 15 000 Kilometern pro Sekunde auf sehr viel langsameres Gas prallt, das der Vorgängerstern etwa 20 000 Jahre vor der Supernova in den Weltraum geblasen hat.

Supernovae als Dutzendware

Die Aufregung um 1987A war der Startschuss für einen wahren Supernova-Boom in der Astronomie. Auch das wissenschaftliche Leben von John Danziger nahm nach der „hautnah" erlebten Supernova eine andere Bahn: Er ließ seine Galaxien links liegen und wurde buchstäblich über Nacht zum Supernova-Astronomen.

Natürlich ist den Astronomen klar, dass es keinen Sinn macht, auf die nächste wirklich helle Supernova zu warten. Die Forscher müssen also mit dem auskommen, was der Himmel bietet. Und wenn unsere Galaxis mit den Supernovae geizt, so geizt der Himmel zum Glück nicht mit Galaxien. Die Masse macht's. Automatische Suchprogramme beobachten regelmäßig viele Galaxien und registrieren, ob neue Lichtpunkte aufgeflammt sind. Diese Technik funktioniert fantastisch – mindestens einmal wöchentlich geht den Suchprogrammen eine Supernova ins Netz. Wie erfolgreich die Suche ist, zeigt schon ein Blick auf die Bezeichnung der Sternexplosionen: Die berühmte Supernova in der Magellanschen Wolke 1987 heißt offiziell 1987A – das A steht für die erste im Jahr 1987 entdeckte Supernova. Im Jahr 2000 war man am 23. Februar bereits bei H angelangt, das heißt, es waren in den ersten sieben Wochen des Jahres bereits acht Supernovae entdeckt worden. 1999 haben die Forscher über 150 Supernovae aufgespürt – ein Team auf Hawaii hat in der Rekordnacht vom 3. November allein 20 Stück entdeckt.

Astronomen der Welt – schaut auf diese Explosionen

Doch warum jagen die Astronomen fast wie besessen den Sternexplosionen nach? Die Forscher unterscheiden drei Gruppen von Supernovae – die einzelnen Sorten unterscheiden sich in ihrer Helligkeit, in der Art, wie die Helligkeit zurückgeht und auch in der chemischen Zusammensetzung. Eine bestimmte Gruppe von Supernovae, der so genannte Typ Ia, hat es den Astronomen besonders angetan. Bei einer Explosion vom Typ Ia setzt die Supernova immer etwa gleich viel Strahlung frei – Ia-Supernovae sind „genormt". Erkennen die Astronomen im Spektrum, dass sie es mit einer Ia-Supernova zu tun haben, wissen sie sofort, wie viel Strahlung vor Ort entsteht. Der Vergleich mit der Helligkeit an unserem Himmel liefert dann die Entfernung der Supernova. Astronomen nutzen den Typ Ia-Supernova ganz gezielt als kosmisches Maßband, wie das in unserer Milchstraße auch mit Weißen Zwergen geschieht.

Eine Supernova am Rande einer sechs Milliarden Lichtjahre entfernten Galaxie. In den ersten Tagen wird die Supernova noch heller, doch in den folgenden Wochen nimmt ihre Helligkeit schnell ab. (NTT)

Supernovae leuchten für einige Wochen so hell wie ganze Galaxien – damit sind sie auch noch über enorme Entfernungen zu sehen. Die weitesten bisher beobachteten Supernovae sind etwa neun Milliarden Lichtjahre entfernt – ihr Licht hat sich auf den Weg zu uns gemacht, als das Universum noch nicht einmal halb so alt war wie heute.

Seit dem Urknall vor etwa 15 Milliarden Jahren dehnt sich der Kosmos kontinuierlich aus – alles entfernt sich von allem, die Galaxien im Universum verhalten sich wie Rosinen in einem aufgehenden Hefeteig. Je weiter zwei Galaxien voneinander entfernt sind, desto schneller rasen sie voneinander fort. Die große Frage ist, ob diese

Expansion wirklich ewig ist. Müsste nicht die Materie im Kosmos mit ihrer gegenseitigen Anziehung das Auseinanderdriften des Universums irgendwann stoppen, vielleicht sogar umkehren? Rasen wir auf immer voneinander fort oder erleben wir eines fernen Tages den Urknall rückwärts, weil wir alle wieder ineinander stürzen?

Dieser fundamentalen Frage gehen die Astronomen mit ihrem Supernova-Werkzeug nach. Denn im Licht der weit entfernten Supernovae ist die Information gespeichert, wie schnell sie als Folge der Expansion des Kosmos von uns fort rasen – die Astronomen sprechen von der Fluchtgeschwindigkeit. Dank der genormten Helligkeit lässt sich die Entfernung der Supernovae vom Typ Ia relativ gut bestimmen. Die Forscher wissen dann, wie schnell sich die Supernovae in einer bestimmten Entfernung von uns weg bewegen.

Rast das Weltall immer schneller auseinander?

Bruno Leibundgut, Schweizer ESO-Astronom, und seine Kollegen wollten 1998 mit einigen Supernovae die Abbremsung des Universums messen – doch die ersten Ergebnisse haben das Team völlig überrascht: „Was wir gefunden haben, ist, dass die Distanzen über den Zeitraum, den wir beobachten, nicht nur ungebremst größer geworden sind, sondern wir meinen jetzt, gemessen zu haben, dass das Universum sich beschleunigt hat."

Würde sich das Universum immer gleichmäßig ausdehnen, so müsste eine Ia-Supernova, die doppelt so weit entfernt ist wie eine andere, auch doppelt so schnell von uns fort rasen. Tatsächlich haben die Forscher jetzt gemessen, dass die doppelt so weit entfernte Supernova aber etwas langsamer ist als erwartet. Das Universum dehnt sich also heute etwas schneller aus als vor sechs oder sieben Milliarden Jahren.

Was aber treibt das All immer schneller auseinander? Albert Einstein hatte eine so genannte Kosmologische Konstante nachträglich in seine Allgemeine Relativitätstheorie eingeführt. Ironie der Geschichte: Einsteins Motivation war es, mit der Einführung dieser Konstanten ein ruhendes Universum zu garantieren. Aus der ursprünglichen Fassung der Relativitätstheorie folgt sofort ein dynamischer, expandierender Kosmos – allerdings war das über zehn Jahre vor dem Nachweis durch die

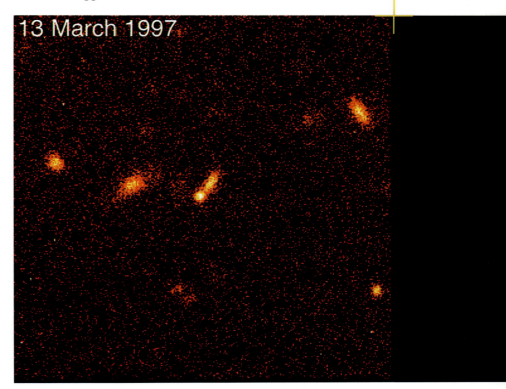

Beobachtungen Edwin Hubbles eine völlig verrückte Idee. Einstein brachte den Kosmos daher „künstlich" mit seiner Kosmologischen Konstanten zur Ruhe. Nachdem der US-Astronom Edwin Hubble 1929 die Expansion des Alls entdeckt hatte, zog Einstein seine Konstante mit den Worten, es sei die „größte Eselei seines Lebens" gewesen, wieder zurück. Spielt sie jetzt doch eine Rolle?

Das All wird um einen Bestandteil reicher

Was aber könnte physikalisch dahinter stecken? Die Kosmologische Konstante kann man sich als eine Art Materie mit abstoßender Kraft vorstellen. Gibt es viel mehr geheimnisvolle abstoßende Materie als unsere „normale" anziehende Materie? Natürlich bremst die „normale" Materie die Expansion, aber offenbar überwiegt der Einfluss der abstoßenden Materie; denn bei den Supernovae sehen die Astronomen unmittelbar, wie das Universum schneller wird. Damit sind nicht etwa Kosmologie und Urknall auf den Kopf gestellt. Die abstoßende Materie passt wunderbar in die heutige Theorie der Gravitation. Es zeigt sich nur, dass im Universum neben Strahlung, sichtbarer und dunkler Materie eben auch die rätselhafte Kosmologische Konstante vorkommt – das All hat schlicht eine Komponente, einen Bestandteil mehr.

Zwar hat die US-Zeitschrift „Science" die Entdeckung des schneller werdenden Universums, die 1998 mehrere unabhängige Astronomengruppen gemacht haben, zum „Durchbruch des Jahres" gekürt – doch Bruno Leibundgut mahnt zur Vorsicht:

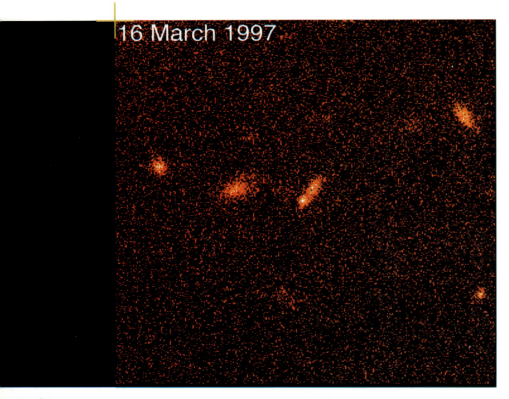

„Wir sind alle extrem überrascht von dem Ergebnis – wir wollten eigentlich die Abbremsung messen. Deswegen haben wir das Projekt überhaupt gestartet, deswegen haben wir auch Beobachtungszeit bekommen. Als wir dann die Resultate der Messungen diskutiert haben, hat es verschiedene Meinungen gegeben – wir haben alle versucht, das Resultat innerhalb des normalen abgebremsten oder ungebremsten Universums zu verstehen und das ist auch jetzt noch der Fall. Wir suchen also immer noch mögliche Fehlerquellen, die diese Messungen verfälscht haben könnten."

Verhielten sich Supernovae früher doch anders als die Forscher bisher glauben? Vergleichen die Astronomen hier wirklich Äpfel mit Äpfeln? Womöglich waren Supernovae Ia vor acht Milliarden Jahren heller oder dunkler als die Explosionen vor zwei Milliarden Jahren. Um das herauszubekommen, müssen die Forscher die Supernovae – in nah und fern! – insgesamt viel besser verstehen.

Der nächste große Umbruch?

Revolutionieren jetzt die Supernovae zum zweiten Mal in nicht einmal einem halben Jahrhundert unsere Kenntnis vom Aufbau der Welt? Gut, weiland bei Tycho war der Einfluss der Supernova eher indirekt – dafür war der Umsturz umso elementarer. Die Erde verlor ihre einzigartige Stellung als Nabel der Welt. Erleidet nun „unsere" Materie ein ähnliches Schicksal? Müssen wir uns daran gewöhnen, dass lokal – auf unserer Erde, im Sonnensystem und auch noch in der Milchstraße und den nächsten Galaxien – die „normale" Materie die Hauptrolle spielt, dass aber auf den ganz großen Skalen geheimnisvolle Materie mit abstoßender Kraft dominiert? Ist unsere Alltagswelt nur eine Ansammlung von Inseln der normalen Materie in einem universellen abstoßenden Ozean?

Man muss kein Prophet sein, um vorherzusehen, dass der Streit um das beschleunigte Universum Jahrzehnte andauern wird. Die Daten aus den Tiefen des Kosmos sind nicht so eindeutig, dass jeder Zweifel unsinnig wäre. Selbst das VLT und das Hubble-Teleskop erreichen da fast ihre technischen Grenzen. Die Argumentation geht über viele Schritte – ein jeder ist zu diskutieren. Sicher steht den Astronomen hier eine neue langwierige Debatte ins Haus, wie sie in den vergangenen drei Jahrzehnten um die Hubble-Konstante getobt hat.

Nur darf es kein Argument sein, dass das Resultat ungewohnt und nicht so schön vorstellbar ist. Denn genau so hat man auch gegen Kopernikus und Kepler argumentiert, genau so Anfang des 20. Jahrhunderts gegen die Vertreibung der Sonne aus dem Zentrum der Milchstraße an deren Rand oder in den zwanziger Jahren für die Einzigartigkeit der Milchstraße als Galaxie.

Die massereichen Geschwister der Sonne sind schon wahrhaft himmlische Objekte: Erst in Saus und Braus leben, mit der Strahlung nur so prassen, beim Tod die lebensnotwendigen Elemente als Samen künftiger Stern- und Planetengenerationen ins All streuen und posthum nochmal eben die Struktur des Kosmos enträtseln. Was für ein Sternenleben!

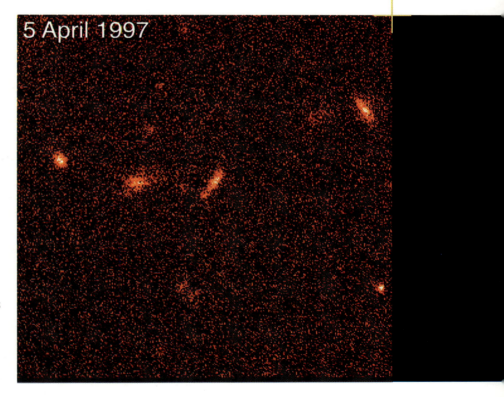

Planetarische Nebel: Sonne & Co.
Langweilig leben, in Schönheit sterben

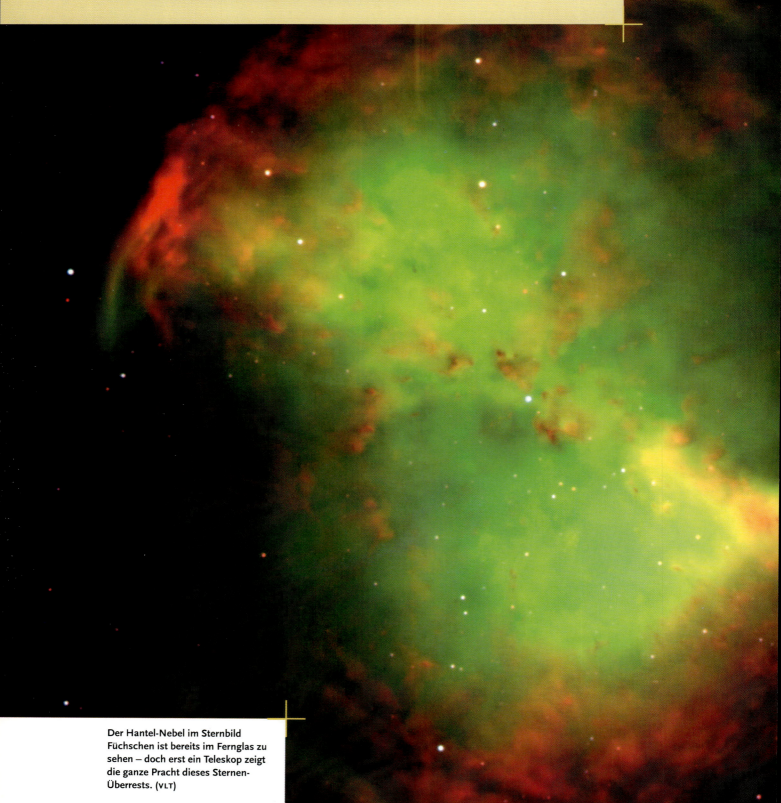

Der Hantel-Nebel im Sternbild Füchschen ist bereits im Fernglas zu sehen – doch erst ein Teleskop zeigt die ganze Pracht dieses Sternen-Überrests. (VLT)

Die Masse entscheidet über Gut und Böse – so einfach lässt sich der Lebensweg der Sterne charakterisieren. Was wann und wie aus einem Stern wird, hängt letztlich nur von seiner Masse ab. Für Supernovae, Neutronensterne und Schwarze Löcher sind Sterne zuständig, die mindestens fünf- bis achtmal mehr Masse haben als unsere Sonne. Manch stellares Schwergewicht bringt gar fast 100 Sonnenmassen auf die Waage.

Sterne von der Größe der Sonne können mit solch schillernden Szenarien am Lebensende nicht aufwarten. Sie brennen recht unspektakulär vor sich hin – und zwar ziemlich lange. Ein Stern mit 10-facher Sonnenmasse vergeudet seinen Brennvorrat, indem er etwa 1000-mal heller als die Sonne leuchtet. Diese Verschwendungssucht bezahlt er mit einem kurzen Leben – nach nur etwa 100 Millionen Jahren ist Schluss. Die Sonne dagegen wird etwas mehr als zehn Milliarden Jahre alt. Ein Stern mit nur einem Zehntel Sonnenmasse glimmt sogar mit nur einem Tausendstel Sonnenleuchtkraft öde vor sich hin – und das für weit mehr als 100 Milliarden Jahre. So kurios es klingen mag: Sterne von weniger als drei Viertel Sonnenmassen können im Universum noch gar nicht gestorben sein, da ihre Lebensdauer das heute angenommene Weltalter von etwa 16 Milliarden Jahren übersteigt.

Aber aus der Gewichtsklasse der Sonne oder knapp darüber haben schon etliche Sterne ihr Kernfeuer ausgepustet und das All ganz unauffällig mit schönen Nebeln angefüllt. In etwa fünf Milliarden Jahren beendet die Sonne ihr ruhiges Leben – sie bläht sich auf und erreicht fast die Erdbahn. Dabei kühlt sich die Oberfläche ab und die Sonne scheint nicht mehr gelb-weiß, sondern rötlich – sie ist zum Roten Riesen geworden. Der Ofen im Innern der Sonne verbrennt immer schneller die noch vorhandenen Brennstoffreste – die Sonne gerät schließlich in eine instabile Phase, flackert und pulsiert eine Zeit lang. Die Strahlung aus dem Innern treibt immer mehr Materie aus den dünnen Außenschichten hinaus ins Planetensystem und weiter ins All. Durch diesen „Sternwind" verliert die Sonne fast die Hälfte ihrer Masse. Im verbleibenden Rest geht irgendwann der Ofen aus – ohne den Strahlungsdruck aus dem Innern stürzt der Rest zu einem winzig kleinen Weißen Zwerg zusammen, der allmählich die Restenergie abstrahlt und über Milliarden Jahre hinweg auskühlt. In den ersten paar tausend Jahren regt er noch das zuvor abgestoßene Gas zum Leuchten an: Die Sonne wird für einige Zeit ein wunderschöner Nebel sein – und mittendrin die Erde, die dann allerdings völlig ramponiert und längst unbewohnbar ist. Was für ein Himmelsanblick böte sich da!

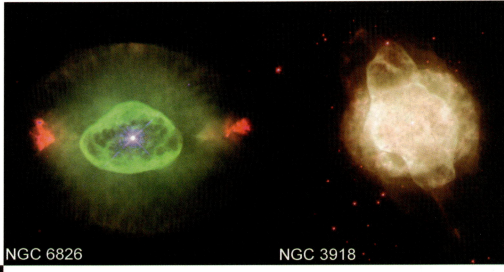

NGC 6826 NGC 3918

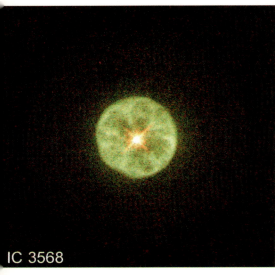

IC 3568

Nachschub für die nächste Planetengeneration

Ein sonnenähnlicher Stern streut mit seinem „Planetarischen Nebel" – so die historisch bedingte offizielle Bezeichnung, auch wenn die Nebel nichts mit Planeten zu tun haben – einen erheblichen Anteil seiner Materie in den Weltraum. Diese Materie ist dann lange Zeit später wieder das Ausgangsmaterial für neue Sterne und, wer weiß, sicher auch für neue Planeten. Die Materie verteilt sich immer mehr im Raum, bis sie schließlich so weit verdünnt und der Weiße Zwerg im Zentrum so lichtschwach ist, dass sie nicht mehr leuchtet. Fast alle Sterne in unserer Milchstraße bilden irgendwann einmal einen Planetarischen Nebel.

Eines der schönsten Exemplare ist der Hantelnebel (Seite 74). Dieses Objekt ist schon mit einem Fernglas im Sternbild Füchschen am Sommerhimmel auszumachen. Das VLT enthüllt eine bunt schillernde Gaswolke, die den zentralen, bläulich leuchtenden Weißen Zwerg umgibt. Astronomen schätzen die Entfernung des Hantelnebels auf etwa 1200 Lichtjahre – damit hat der Nebel einen Durchmesser von etwa zwei Lichtjahren. Die Farben weisen auf Wasserstoff (rot) und Sauerstoff (grün) hin. Das vom Stern weg strömende Gas ist – insbesondere in der linken oberen Nebelgegend – offenbar in Turbulenzen mit anderem Gas geraten und zeigt daher eine fleckige Struktur.

Was da so hübsch leuchtet, ist nach irdischen Maßstäben ein perfektes Vakuum. In jedem Kubikzentimeter des Nebels befinden sich nur etwa einhundert Teilchen – zum Vergleich: In einem Kubikzentimeter Luft befinden sich mehr als eine 1 mit 19 Nullen Teilchen.

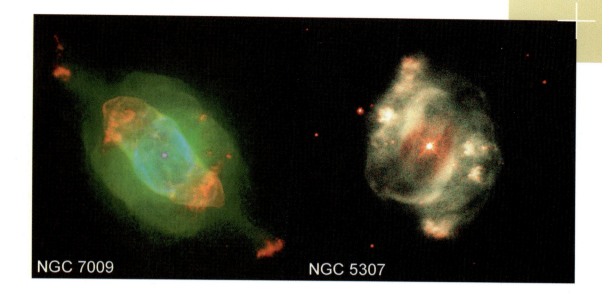

NGC 7009   NGC 5307

Dass das Abströmen des Gases von einem sterbenden Stern alles andere als gleichmäßig in alle Richtungen erfolgen muss, zeigt der abgeflachte Planetarische Nebel M2-9 (Seite 80/81). Im Zentrum dieses kosmischen Knallbonbons befindet sich ein sehr enges Doppelsternsystem. Darum herum gibt es eine flache Materiescheibe aus Gas, das der eine Partner aus den dünnen Außenschichten des anderen Sterns absaugt. Das zudem aktiv von diesem Stern abgeblasene Gas prallt nun auf diese Materiescheibe und wird dabei – wie in einer Flugzeugdüse – senkrecht nach oben und unten abgelenkt. Entsprechend sehen wir die beiden Jets, in denen das Gas mit fast 400 Kilometern pro Sekunde vom Zentralsystem abströmt. Aufnahmen in einigem zeitlichen Abstand zeigen, wie sich der Nebel weiter ausdehnt. Aus der Geschwindigkeit lässt sich errechnen, dass sich die Jets erst vor etwa 1200 Jahren gebildet haben.

Hubble 5

Ob Zitronenscheibe oder Feuerqualle, ob Schmetterling oder Ingwerstück – es gibt kaum Etwas, dem ein Planetarischer Nebel nicht ähneln könnte. Wie passen alle diese Phänomene in ein gutes Modell? (HST)

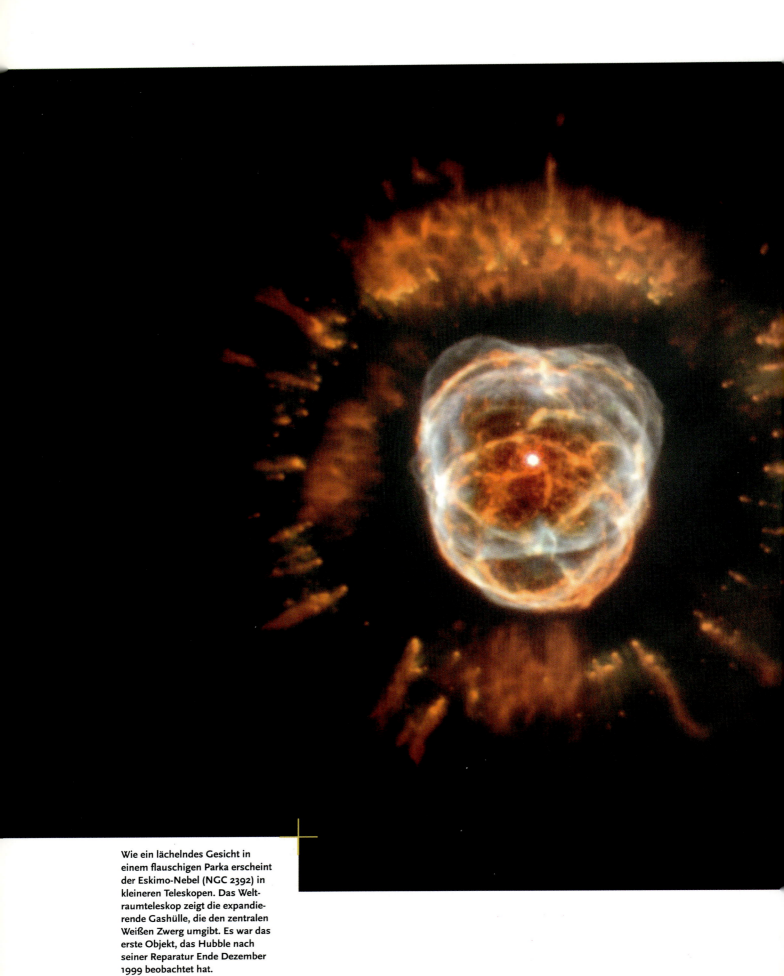

Wie ein lächelndes Gesicht in einem flauschigen Parka erscheint der Eskimo-Nebel (NGC 2392) in kleineren Teleskopen. Das Weltraumteleskop zeigt die expandierende Gashülle, die den zentralen Weißen Zwerg umgibt. Es war das erste Objekt, das Hubble nach seiner Reparatur Ende Dezember 1999 beobachtet hat.

Ein Stern fährt aus der Haut

Bei einem anderen Stern haben die Astronomen das Glück, ihn gerade in der recht kurzen Phase der Entstehung des Planetarischen Nebels zu erwischen. Der „Rotten Egg"-Nebel umgibt einen Stern, der gerade noch in seinem letzten instabilen Stadium ist (Bild S. 80 unten). Der Rote Riese hat bereits so viel Materie aus seinen äußeren Schichten abgestoßen, dass er selbst gar nicht mehr zu sehen ist. Lediglich sein an Gas und Staub reflektiertes Licht ist auf dieser HST-Infrarot-Aufnahme zu sehen. Theoretiker raufen sich die Haare, wie dieser Einzelstern ebenfalls so jetartige Strukturen ausbilden kann. Nach links und rechts schießt das Gas mit etwa 200 Kilometern pro Sekunde in den Weltraum. Aufnahmen mit verschiedenen Filtern zeigen, dass es in dem abfließenden Material große Unterschiede in der chemischen Zusammensetzung und Temperatur gibt. Beobachtungen im Radiobereich haben große Mengen von Schwefel, Wasserstoffsulfid und Schwefeldioxid ergeben – diese Stoffe entstehen vermutlich, wenn Schockwellen durch das Gas laufen. So unterhält selbst ein sterbender Stern noch ein gigantisches chemisches Labor in seiner Umgebung. Seinen Namen („verfaultes Ei") hat der Nebel übrigens dem vielen Schwefel zu verdanken – und die Astronomen sind froh, dass sie den Nebel nur beobachten „müssen" und nicht daran riechen.

Den Sternmodellierern – also den Astronomen, die Entstehung und Entwicklung von Sternen theoretisch beschreiben wollen – gibt die Formenvielfalt der Planetarischen Nebel ein Rätsel auf. Jedes Bild ist ein wichtiger Mosaikstein, den Massenausfluss (Sternwind) im Spätstadium der Sterne zu verstehen. Wie stößt ein Stern seine äußeren Schichten in den Weltraum? Welche Prozesse laufen in dem abgestoßenen Gas ab? Klar ist nur, dass dieses Gas für uns buchstäblich lebenswichtig ist oder einmal war. Denn genau in solchen Nebeln entstehen viele der größeren Moleküle, die dann Ausgangsstoffe des Lebens sind. In Sternen selbst ist es für die meisten komplexeren Stoffe viel zu heiß – dort würden sie sofort zerfallen.

Leben nur bei Langweilern

Andere lebensnotwendige Stoffe wie Eisen oder weitere schwere Elemente entstehen aber nicht in Sternen wie der Sonne oder in Planetarischen Nebeln. Für die schweren Elemente sorgen allein die massereichsten Sterne – und die produzieren viele der leichteren Elemente gleich mit. Sonne & Co. brauchen da trotzdem keine Komplexe zu haben. Die Natur hat das ganz prima eingerichtet. Die massereichen Sterne produzieren zwar bei ihrer Energiegewinnung viele neue

Elemente. Sie tun es jedoch zu einem hohen Preis – denn schon nach einigen Millionen Jahren sind sie ausgebrannt und müssen ihre Ware im All verteilen. Diese Sterne produzieren lebenswichtige Stoffe, lassen selbst aber kein Leben zu – paradox?

Wir können von Glück reden, dass die Sonne nicht 50 Prozent mehr Masse hat. Dann wäre sie jetzt bereits ein Roter Riese – Leben wäre auf der Erde nicht mehr möglich. Die Menschheit hätte also gar nicht genug Zeit gehabt, sich auf der Erde zu entwickeln. Dies gilt natürlich erst recht für Sterne von fünf oder mehr Sonnenmassen. Auf deren möglichen Planeten kann sich gar kein Leben bilden – denn nach 100 Millionen Jahren ist der Spuk schon vorbei. Auf der Erde haben aber allein die Einzeller gut eine Milliarde Jahre zu ihrer Entwicklung gebraucht.

Das lebensnotwendige Material liefern also vor allem die schnell explodierenden, sehr massereichen Sterne – ihre Planeten können kein Leben beheimaten, sie selbst leisten dennoch ihren unschätzbaren Beitrag für das Leben im All. Umgekehrt mögen die lahm brutzelnden Sterne vom Schlag der Sonne recht ineffektiv sein, was das Anreichern des Weltraums mit schweren Elementen angeht – aber sie lassen ihren Planeten zumindest genügend Zeit, die schweren Elemente zu verwerten und Leben zu entwickeln. Was haben wir für ein Glück, dass die Sonne so ein stellarer Langweiler ist.

Diese Hubble-Infrarotaufnahme zeigt einen Roten Riesenstern im Todeskampf – der sterbende Stern hat sich bereits in dichte Gas- und Staubmassen gehüllt. Der Rote Riese entwickelt sich schnell zum Weißen Zwerg – und der „Rotten Egg" – Nebel zum Planetarischen Nebel.

Den 2100 Lichtjahre entfernten Planetarischen Nebel M2-9 bezeichnen manche Astronomen als „Doppel-Jet-Nebel". Wie die Abgase einer Raketendüse strömt das Material vom sterbenden Stern weg. (HST)

Von Riesenspiralen und Zwergellipsen
Im Reich der Galaxien

Wer in einer sternklaren Nacht den Blick über das Firmament schweifen lässt, hat den Eindruck, der Kosmos sei voller Sterne – ein Gewimmel unzähliger kleiner Sonnen, die im schier endlosen Weltall verteilt sind. Nun, ganz falsch ist das nicht – aber das Universum ist genau genommen nicht voller Sterne, sondern voller Galaxien (die ihrerseits natürlich wieder aus Sternen bestehen, daher ist die Vorstellung von den Sternen nicht ganz falsch).

Dazu ein kleines Gedankenexperiment: Verkleinern wir die Sonne auf die Größe einer Kirsche; verkleinern wir in demselben Maßstab die Entfernung zu den Sternen in der Sonnenumgebung, so bekommen wir eine Vorstellung davon, wie dicht die Sterne in unserer Gegend der Milchstraße stehen: Die nächste Kirsche (also der nächste Stern) wäre gut 650 Kilometer entfernt. Legen wir in jede Hauptstadt Europas eine Kirsche – oder für Sterne unterschiedlicher Größe auch mal eine Wassermelone oder eine Johannisbeere –, so haben wir ein ganz gutes Modell dafür, wie dicht die Sterne in unserer Umgebung stehen. Eine Kirsche in Berlin, eine in Warschau, eine Grapefruit in Kopenhagen, eine Himbeere in Amsterdam – und dazwischen nichts außer ein paar Planeten, Kometenkernen und ein bisschen Staub und Gas.

Unsere Erde wäre in diesem Modell ein Staubkorn in 2,5 Metern, Jupiter ein Stecknadelkopf in 12 Metern Entfernung von der Sonnenkirsche. Ein Punkt nebenbei: Was wir großartig „Weltraum"-Fahrt nennen, hat es mit Voyager 1 allenfalls schon gut 190 Meter weit geschafft – von den 650 Kilometern zum nächsten Stern!

Die nur 13 Millionen Lichtjahre entfernte Galaxie NGC 4945 ist etwa drei Viertel so groß wie unsere Milchstraße. Wie ihre auffallend strukturierten Staubmassen zeigen, geht es im Innern der Galaxie recht turbulent zu. (WFI)

Die prächtige Spiralgalaxie NGC 1232 ist schon heute ein VLT-Klassiker. Sie ist etwa 100 Millionen Lichtjahre entfernt – dort entspricht die Kantenlänge des Bildes knapp 200 000 Lichtjahren. NGC 1232 hat also den doppelten Durchmesser unserer Milchstraße. (VLT)

NGC 1365 ist eine Balkenspiralgalaxie. Sie ist 60 Millionen Lichtjahre entfernt und hat einen Durchmesser von 200 000 Lichtjahren. Balken und Spiralarme rotieren im Uhrzeigersinn – ein voller Umlauf dauert 350 Millionen Jahre. (VLT)

Verkleinern wir nun unsere Milchstraße auf die Größe einer Kirsche oder besser eines Groschens, um ein abgeflachtes Objekt zu haben. Wo liegt dann wohl der nächste Groschen, also die nächste Galaxie? Unsere große Nachbargalaxie, die Andromeda-Galaxie, ist ein 2-Mark-Stück in gerade mal 50 Zentimetern Entfernung. Der große Virgo-Galaxienhaufen, eine gewaltige Ansammlung von Galaxien, zu deren Ausläufern auch wir noch gehören und in der Hunderte von Galaxien umeinander fliegen (hier im Modell also Pfennige, Groschen, 5-Mark-Stücke und vielleicht auch mal Untertassen) liegt nur etwa 13 Meter entfernt.

Wir sehen also: Im Weltall drängeln sich die Galaxien auf vergleichsweise engem Raum – aber in den Galaxien sind die Sterne im Mittel nur sehr dünn gesät.

Und doch ist es erstaunlich, was die weit verstreuten Sterne – ob nun junge, heiße blaue Exemplare oder rote, alte, fast schon ausgebrannte – und die Gas- und Staubwolken in den Galaxien am Himmel alles zu Stande bringen. Denn was bei uns zu Hause in der Milchstraße einzelne Phänomene sind, die scheinbar nichts miteinander zu tun haben, verbindet sich beim Blick aus der Milchstraße heraus auf andere Galaxien zu einem beeindruckenden „Gesamtkunstwerk".

Kosmische Strudel doppelt so groß wie die Milchstraße

Dass der Blick von „oben" auf eine andere Galaxie – und eben nicht die Innenansicht wie in unserer Milchstraße – ganz neue Perspektiven eröffnet und dass dabei schlagartig die Gesamtzusammenhänge ins Auge fallen, zeigt NGC 1232 (Seite 84). Einem kosmischen Strudel gleich schlingen sich die Spiralarme um das Galaxienzentrum und zeigen eine Fülle von Details. Neben den vielen jungen blauen Sternen in den Armen fallen bläuliche und rötliche Gaswolken auf, in denen gerade neue Sterne entstanden sind. Das Galaxienzentrum ist deutlich rötlich gefärbt – hier gibt es überwiegend alte Sterne. Bemerkenswert auch die kleine Begleitgalaxie am linken Bildrand (quasi die Magellansche Wolke von NGC 1232) – diese Galaxie ist offensichtlich schon kräftig von der Schwerkraft der großen Schwester durchgeschüttelt worden. Die an den griechischen Buchstaben Theta erinnernde Form ist alles andere als „normal". In einigen Milliarden Jahren wird der Begleiter komplett geschluckt sein – auch im All fressen die Großen die Kleinen.

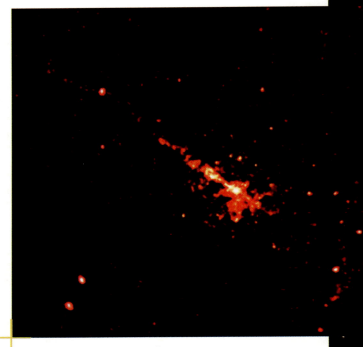

Ein Röntgenblick ins Innere der Galaxie Centaurus A. Die helle Quelle dort ist das zentrale supermassive Schwarze Loch von etlichen Millionen Sonnenmassen, von dem ein lang gestreckter Jet ausgeht. Die vielen Einzelquellen sind normale Schwarze Löcher oder Neutronensterne in der Galaxie. (Chandra)

NGC 1232 ist 100 Millionen Lichtjahre von uns entfernt – das Licht, das da in der Nacht des 23. September 1998 während der Testphase des Teleskops auf den Spiegel gefallen ist, hat die Galaxie also mitten in der Kreidezeit verlassen – als zahllose Dinosaurier über die Erdoberfläche trampelten.

Spitzenteleskope und das „Zubehör"

Das neue Teleskop hat für diese Aufnahme achtzehneinhalb Minuten lang belichtet – das heißt, nicht einmal zwanzig Minuten lang musste der Spiegel das Licht von NGC 1232 sammeln, um diese Details zu offen-

Ein zentrales Staubband prägt die elliptische Galaxie Centaurus A. Da Galaxien dieses Typs in der Regel kaum Staub enthalten, muss Cen A vor kurzem mit einer staubreichen Galaxie verschmolzen sein. Rechts am Rand des dunklen Staubbalkens haben sich ganze Schwärme junger blauer Sterne gebildet. (VLT)

baren. Das dabei an das Spiegelteleskop angeschlossene Aufnahmegerät FORS (Focal Reducer and Spectrograph) ist unter Federführung der Landessternwarte Heidelberg dort und an den Universitätssternwarten Göttingen und München gebaut worden. Es ist speziell auf die Bedürfnisse des VLT zugeschnitten und nutzt optimal die Stärken des neuen Teleskops. Das Instrument (Bild Seite 54/55) ist zwar 3 mal 1,5 Meter groß und wiegt 2,3 Tonnen; unter dem 53 Quadratmeter großen Spiegel wirkt es aber dennoch verschwindend klein.

Bei allem Gejubel über die neuen großen Spiegel – Teleskope sind nichts anderes als große Lichtsammelflächen, gleichsam Regentonnen für den steten Niederschlag von Lichtteilchen. Natürlich müssen die Spiegel exzellent geschliffen und immer in der perfekten Form sein – und an einem optimalen Standort stehen. Was dann aber tatsächlich an Wissenschaft herauskommt, hängt ganz entscheidend von dem Gerät ab, das die Information, die aus dem „nackten" Teleskop kommt, verarbeitet. Beim Vergleich mit dem menschlichen Auge ist der Tele-

Die irreguläre Galaxie im Sternbild Antlia (Luftpumpe) stürzt gerade in die Milchstraße. Diese Zwerggalaxie ist eher ein großer Sternhaufen. Im Hintergrund sind viele weit entfernte Galaxien zu erkennen. (VLT)

skopspiegel Hornhaut, Linse und Glaskörper – dagegen entsprechen Stäbchen, Zäpfchen und Sehnerv dem angeschlossenen Instrument. Das brillante FORS-Gerät kann Bilder und Spektren aufnehmen – nicht gleichzeitig, aber unmittelbar hintereinander (ohne größere Neueinstellungen am Teleskop vornehmen zu müssen).

Die meisten VLT-Bilder in diesem Buch stammen von einem der beiden FORS-Geräte, die an den VLT-Teleskopen installiert sind.

NGC 2997 (Seite 6/7) und NGC 1232 (Seite 84) sind Paradebeispiele für Spiralgalaxien, die wir fast senkrecht von oben sehen (oder, wenn es Ihnen lieber ist: von unten – im Kosmos spielen Oben und Unten keine Rolle). Fachleuchte sprechen von face-on: wir blicken also genau in das „Gesicht" der Galaxie. Auch „edge-on" – also der Blick von der Seite genau auf die Kante der Galaxie – hat seine Reize. NGC 4945 (Seite 82/83) sehen wir unter einem Winkel von nur etwa zehn Grad – die Spiralstruktur bleibt dem Auge verborgen. Wir sehen NGC 4945 in etwa so, wie wir die Milchstraße sehen. Denn auch unsere Heimatgalaxie erscheint uns „edge-on", sitzen wir doch fast in der Milchstraßenebene. Da wir zudem mitten in der Milchstraße sitzen, erscheint uns die edge-on-Perspektive einmal rund um den ganzen Himmel.

Der Zoo der Galaxien

Die Ähnlichkeiten sind erstaunlich. Bei NGC 4945 fallen die dunklen Staubwolken auf, die das Licht der dahinter liegenden Sterne absorbieren. Genau wie in der Milchstraße sammelt sich auch bei dieser Galaxie der meiste Staub und das meiste kalte Gas in der Hauptebene – um allmählich wieder neue Sterne zu formen. Der Blick auf die Milchstraße am Sommerhimmel zeigt dasselbe Phänomen: Dunkle Wolken teilen das schimmernde Band und verraten die Existenz des Staubes. Auf Seite 82/83 erkennt man bei genauem Hinsehen eine Vielzahl weiterer Galaxien, die viel weiter entfernt sind und nur zufällig mit im Blickfeld liegen. Die meisten Sterne sind Vordergrundsterne aus unserer Milchstraße – manche der schwachen, leicht diffusen Lichtpunkte in der Nähe der Galaxie sind allerdings Kugelsternhaufen, die NGC 4945 umkreisen.

Galaxien zeigen sich in einer großen Formenvielfalt. Neben den Spiralen gibt es noch Balkengalaxien (Seite 85), so genannte elliptische Galaxien, die eine sehr gedrungene Form haben und oft im Zentrum von Galaxienhaufen zu finden sind (Seite 87) und schließlich irreguläre Galaxien, die keinem der drei

Der linke Spiralarm der Galaxie NGC 6872 ist – verglichen mit dem Arm rechts unten – deutlich ramponiert, weil die kleine Begleitgalaxie IC 4970 (oberhalb der Hauptgalaxie) dort durchgezogen ist. Das helle Objekt rechts unterhalb ist ein Vordergrundstern unserer Milchstraße. (VLT)

Typen zuzuordnen sind (Seite 88/89). Wie es zu dieser Aufteilung der Galaxien kommt, ist noch völlig unverstanden. Hängt die Form der Galaxie von ihrer Entstehung ab? Sind die unterschiedlichen Galaxien in unterschiedlichen Entwicklungsphasen? Aber wie sollte das gehen, wenn die Galaxien nach heutiger Vorstellung doch alle in etwa gleich alt sind?

Rempeln durchs All

Die relative Nähe der Galaxien zueinander ist von enormer Bedeutung. Galaxien begegnen sich häufig und ziehen sich dabei einige Blessuren zu. NGC 2997 hat rechts einen auffallend eingedellten Spiralarm – freiwillig macht eine Galaxie so etwas nicht. Auch wenn hier der mögliche Verursacher nicht mehr im Bild ist – da hat wohl eine andere Galaxie mit ihrer Schwerkraft entweder am Arm gezerrt oder gleichsam einen „Pferdekuss" aufgedrückt.

Zum Teil herrscht da draußen im All sogar das „große Fressen" – es gibt kaum eine große Galaxie, die nicht noch Spuren vom Verschmelzen mit anderen Galaxien zeigt. Enge Begegnungen, kleine Rempeleien oder richtige Kollisionen sind an der Tagesordnung – sofern man bei Vorgängen, die einige Zig-Millionen Jahre dauern, von Tagesordnung sprechen kann.

Besonders fotogen ist die Begegnung der gewaltigen Balkenspirale NGC 6872 mit ihrer kleinen Begleitgalaxie IC 4970, die „soeben" durch den linken oberen Spiralarm der Hauptgalaxie gelaufen ist (linke Seite). Der arg zerzauste Spiralarm hat viele „blaue Flecken" – das meiste sind Sternentstehungsgebiete. Die Begleitgalaxie hat mit ihrer Schwerkraft bei der Passage viele der Gas- und Staubwolken in NGC 6872 kollabieren lassen – als Folge der Kollision kommt es dort nun zu äußerst aktiver Sternentstehung. Dieses System ist relativ weit entfernt – fast 300 Millionen Lichtjahre. Die lang gezogenen Spiralarme erstrecken sich über 750 000 Lichtjahre und machen NGC 6872 damit zu einer der größten bekannten Balkenspiralgalaxien.

Erstrahlen nach dem kosmischen Crash

Das gegenseitige Stören oder sogar das Verschmelzen von Galaxien führt fast immer zu einem wahren Boom von Sternentstehung. Fusionen sind zumindest im Kosmos sehr produktiv. Ohnehin ist der Begriff „Kollision" bei Galaxien unpassend – das klingt immer nach Frontalzusammenstoß auf der Landstraße mit Totalschaden. Tatsächlich ist eine „Kollision" etwas unerhört Sanftes. Die Sterne in den Galaxien sind, wie gesagt, äußerst dünn verteilt. Echte Zusammenstöße von Sternen kommen so gut wie nie vor. Bei einer Kollision von Galaxien knallen die Sterne also nicht wie Billardkugeln durcheinander. Vielmehr verschmelzen die Galaxien und lenken mit ihrer gemeinsamen Schwerkraft alle Objekte auf neue Bahnen. Das alles geschieht zudem wie in Super-Zeitlupe. Gehen wir davon aus, dass zwei Galaxien mit jeweils 1000 Kilometern pro Sekunde aufeinander zu rasen, so würde das komplette aneinander Vorbeiziehen immer noch 30 Millionen Jahre dauern.

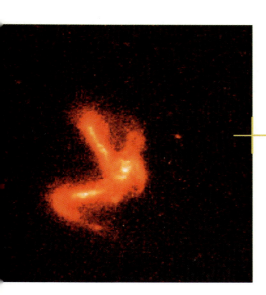

Das Hubble-Weltraumteleskop hat einige im Infraroten äußerst hell leuchtende Galaxien beobachtet. Bei fast allen verschmelzen drei oder noch mehr Galaxien miteinander. Die dadurch ausgelöste intensive Sternentstehung lässt diese Objekte im Infraroten stark aufleuchten.

Wohin zieht uns der „Great Attractor"?

Gegenseitiges Anziehen oder sogar komplettes Verschmelzen spielt nicht nur bei einzelnen Galaxien eine Rolle – zum Teil zwingen sogar große Galaxienhaufen anderen Ansammlungen von Galaxien ihren Willen auf. Bei Galaxien in der Nachbarschaft der Milchstraße haben die Astronomen eine merkwürdige Häufung der Bewegung in eine bestimmte Richtung beobachtet. Offenbar gibt es in etwa 300 Millionen Lichtjahren Entfernung eine große Materieansammlung, die uns alle anzieht. Die Forscher sprechen vom „Great Attractor" – ärgerlicherweise sitzt dieser Haufen von uns aus gesehen nur knapp über der Milchstraßenebene, wo Gas und Staub der Galaxis den Blick in die Tiefen des Alls erschweren. Einem ESO-Teleskop gelang nun erstmals eine großflächige Aufnahme in Richtung des vermuteten „Großen Anziehers" (Bild rechts). Tatsächlich finden sich auf der Aufnahme, die etwa die Fläche des Vollmonds abdeckt, viele Galaxien. Die Häufung der großen Galaxien in der Bildmitte fällt auf – weiter am Rand sind viele kleinere Galaxien zu sehen. Dieser etwa 250 Millionen Lichtjahre entfernte Galaxienhaufen ist vermutlich Teil des „Great Attractor".

Noch dramatischer ist die Rolle von mehrfachen Galaxienkollisionen bei den so genannten Ultraleuchtkräftigen Infrarot-Galaxien (ULIRG). Diese Objekte sind im sichtbaren Licht recht unscheinbar, gehören aber im Bereich der Infrarotstrahlung zu den hellsten Himmelsobjekten. Mittlerweile hat auch das Weltraumteleskop mit seiner Infrarotkamera etliche ULIRG unter die Lupe genommen. Bei erstaunlich vielen zeigten sich Spuren vom Verschmelzen von drei oder mehr Galaxien (Seite 90/91 unten). Dabei vermischen sich die Gasmassen der Galaxien – durch die Schockwellen kommt es zum Kollaps von Gaswolken und zur fast explosionsartigen Entstehung neuer Sterne (die Forscher sprechen von „starburst"). Da das alles hinter dichten Staubwolken abläuft, bleiben diese dramatischen Vorgänge „normalen" Teleskopen verborgen. Erst der Infrarotblick zeigt den von vielen jungen Sternen aufgeheizten Staub. Die von Hubble beobachteten ULIRG liegen innerhalb von drei Milliarden Lichtjahren Entfernung. Läuft hier mit einiger Verspätung das ab, was bei den meisten anderen Galaxien vor viel längerer Zeit stattgefunden hat? Bilden dort gerade mehrere kleine Galaxien eine große? Dies wäre ein mögliches Szenario für die Entstehung von Riesengalaxien wie der Milchstraße, von denen wir heute viele in unserer Umgebung sehen.

Um Aufbau und Gestalt der Galaxien in unserer Nähe zu verstehen, verfolgen die Astronomen die Entwicklung der Galaxien im Laufe der Zeit. Sahen Galaxien vor acht Milliarden Jahren schon genauso aus wie heute? Und vor zwölf Milliarden Jahren? Wann und vor allem wie haben sich die ersten Galaxien gebildet? Solche Fragen können nur räumlich und damit auch zeitlich sehr tiefe Beobachtungen beantworten.

In diese Richtung zieht der „Great Attractor". Gehören die hier etwas grünlich erscheinenden Galaxien bereits zu dieser mysteriösen Materieansammlung? Die übrigen 151 467 Sterne (viel Spaß beim Nachzählen ...) sind Vordergrundsterne der Milchstraße. (WFI)

Was ist das beste kosmische Maßband?

So wie die Astronomen die Sterne in unserer Milchstraße verstehen müssen, um die Vorgänge in den nahen Galaxien zu verstehen, so müssen sie wiederum die nahen Galaxien gut studieren, um die Beobachtungsdaten der weit entfernten Galaxien richtig einordnen zu können. Ganz besonders gilt dies für das trickreiche Messen der Entfernung.

Die wichtigste Beobachtungsgrundlage der heutigen Astronomie ist die allgemeine Expansion des Kosmos. Im Kosmos fliegt alles auseinander. Im großen Maßstab betrachtet, entfernt sich alles von allem. Der Zusammenhang ist denkbar simpel: Je weiter ein Objekt von uns

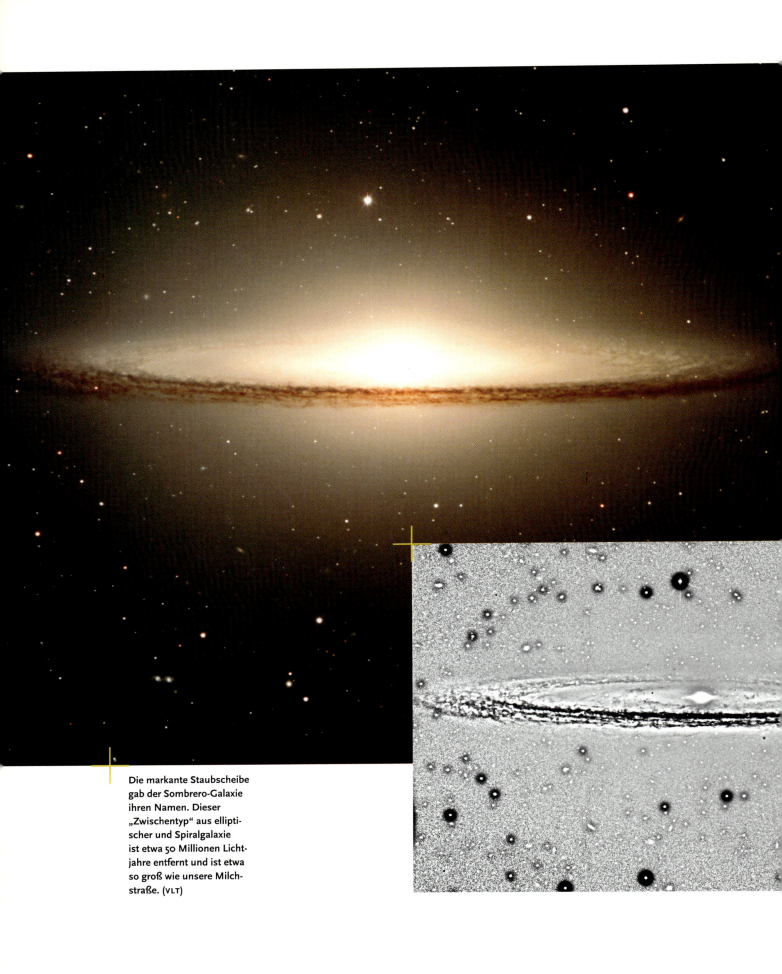

Die markante Staubscheibe gab der Sombrero-Galaxie ihren Namen. Dieser „Zwischentyp" aus elliptischer und Spiralgalaxie ist etwa 50 Millionen Lichtjahre entfernt und ist etwa so groß wie unsere Milchstraße. (VLT)

entfernt ist, desto schneller rast es von uns fort. Die Hubble-Konstante verbindet Entfernung und so genannte Fluchtgeschwindigkeit miteinander. Sie gibt an, um wie viel die Fluchtgeschwindigkeit mit der Entfernung ansteigt. Selbst von sehr weit entfernten Galaxien lässt sich relativ einfach die Fluchtgeschwindigkeit bestimmen. Im Licht (genauer: im Spektrum) eines jeden Objekts ist die Information gespeichert, wie schnell sich das Objekt relativ zu uns bewegt. Aus der Geschwindigkeit berechnen die Forscher dann die Entfernung – vorausgesetzt, sie kennen die Hubble-Konstante. Die aber, Sie ahnen es sicher, müssen die Astronomen anhand der nahen Galaxien bestimmen, bei denen Geschwindigkeit und Entfernung unabhängig voneinander zu messen sind.

Nun steht leider auch an keiner der nahen Galaxien angeschrieben, wie weit sie entfernt ist. Das müssen die Astronomen oftmals auf sehr listige Weise bestimmen. Direkte und damit im Rahmen der Messgenauigkeit wirklich präzise Methoden der Entfernungsmessung gibt es nur für die Sterne in etwa 500 Lichtjahren Umkreis um die Sonne. Hier messen die Astronomen die Parallaxe eines Sterns – das minimale jährliche Schwanken eines Sterns vor dem weit entfernten Hintergrund als Folge der Bewegung der Erde um die Sonne. Denken Sie sich Ihre Nase als Sonne, Ihr linkes Auge als die Position der Erde heute und Ihr rechtes Auge als ihre Position in einem halben Jahr. Blicken Sie nun abwechselnd mit dem linken und rechten Auge auf den Daumen Ihres ausgestreckten Armes. Sie sehen, dass der Daumen vor dem Hintergrund hin- und herspringt – und zwar umso mehr, je näher Sie ihn an Ihre Augen führen. Am Himmel zeigen Aufnahmen in einem halben Jahr Abstand das Pendeln der Sterne (die so genannte Parallaxe) und bei bekanntem Erdbahndurchmesser lässt sich daraus die Sternentfernung berechnen. So weit – so gut. Aber das funktioniert leider nur ein paar lächerliche hundert Lichtjahre weit. Alles, was über unseren kosmischen Vorgarten hinaus geht, müssen die Forscher indirekt vermessen. Das Prinzip ist fast immer gleich: Die Astronomen suchen Objekte, von denen sie wissen, wie viel Strahlung sie vor Ort abgeben – und vergleichen dann die bekannte eigene Helligkeit der Objekte mit der beobachteten Helligkeit bei uns am Himmel. Aus der Differenz lässt sich die Entfernung berechnen – wenn man die zusätzliche Dämpfung durch Gas und Staub berücksichtigt, was nicht immer ganz einfach ist.

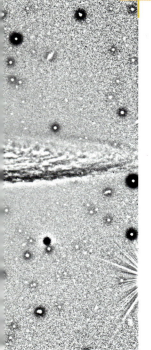

Unten: Einige Tricks der Bildbearbeitung lassen noch mehr Details der Staubscheibe erkennen. Die dunklen Ringe um die Sterne und Galaxien im übrigen Blickfeld sind Artefakte. (VLT)

Pulsierende Sterne

Bekannte Beispiele für solche „Standardkerzen", also für Objekte, die nach Meinung der Astronomen immer in etwa gleich viel Strahlung abgeben, sind die Supernovae Ia (siehe Seite 70) und die so genannten

Cepheiden. Cepheiden sind Sterne, die sich in regelmäßigem Rhythmus aufblähen und wieder zusammenziehen. Dieses Pulsieren führt zu einem Anstieg und Abfall der Helligkeit – die Natur hat das so schön eingerichtet, dass Periode und Helligkeit der Sterne zusammenhängen. Je länger ein Cepheid (benannt nach dem Prototypen dieser Veränderlichen Sterne, Delta Cephei) für seinen Lichtwechsel braucht, desto heller leuchtet er vor Ort.

Nun müssen die Astronomen also nur noch in weiter entfernten Galaxien Cepheiden aufspüren und deren Periode messen und schon liefert die beobachtete Helligkeit die Entfernung – wenn nur die tatsächliche Helligkeit genau bekannt wäre. Doch leider war die Natur nur bei der Periode-Leuchtkraft-Beziehung generös – ansonsten war sie gemein genug, den nächsten der so wichtigen Cepheiden erst in einigen Tausend Lichtjahren Entfernung leuchten zu lassen. Somit fehlt bis heute die präzise Eichung. Zwar arbeiten die Astronomen nach wie vor mit den Cepheiden, aber die Eichung beruht auf vielen Zwischenschritten – da wird es manche Ungenauigkeit geben.

Dennoch hatte das Team des Hubble-Weltraumteleskops das ehrgeizige Ziel, Cepheiden in vielen Galaxien in einigen Zigmillionen Lichtjahren Umkreis aufzuspüren und so die Hubble-Konstante zu bestimmen. Das Weltraumteleskop verdankt diesem Projekt seinen Namen. In den zurückliegenden Jahren haben die Forscher tatsächlich 800 Cepheiden in 18 Galaxien bis zu einer Entfernung von etwa 70 Millionen Lichtjahren gefunden. Die Messungen waren allerdings schwieriger als erwartet – und das im Sommer 1999 verkündete Ergebnis des „Hubble Key Project" war keineswegs so präzise und unumstritten wie erhofft. Das Hubble-Team kam auf den Wert 71 (+/- 8) Kilometer pro Sekunde pro Megaparsec (ein Megaparsec sind 3,26 Millionen Lichtjahre). Das heißt, dass die allgemeine Expansionsgeschwindigkeit des Weltalls pro 3,26 Millionen Lichtjahre um 71 Kilometer pro Sekunde zunimmt.

Hubbles Prestige-Projekt

Wirklich überzeugend ist das alles nicht, weil – wie gesagt – die genaue Eichung der Cepheiden-Methode fehlt. Im Sommer 1999 sorgte aber eine andere Messung der Hubble-Konstanten für großes Aufsehen: Erstmals war es einem Team um den jungen Radioastronomen Jim Herrnstein bei einer etwa 25 Millionen Lichtjahre entfernten Galaxie gelungen, direkt und ohne jede Zwischeneichung die Entfernung zu bestimmen. Die Galaxie NGC 4258, auch als Messier 106 bekannt, ist auf dem besten Wege, Astronomiegeschichte zu schreiben. Herrnstein und seine Kollegen benutzten eine hochauflösende Beobachtungs-

Rechts: Die Spiralgalaxie NGC 4603 ist die entfernteste Galaxie (Abstand etwa 108 Millionen Lichtjahre), in der das Weltraumteleskop Cepheiden beobachtet hat, um die Hubble-Konstante zu bestimmen. Vergeblich – der Wert der Hubble-Konstanten ist noch immer umstritten. Helfen jetzt die Maser in NGC 4258?

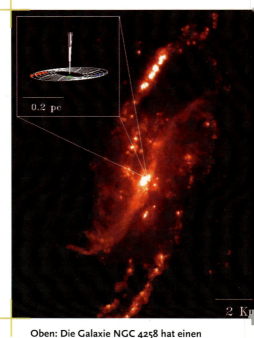

Oben: Die Galaxie NGC 4258 hat einen Durchmesser von gut 60 000 Lichtjahren (2 kpc = 6500 Lichtjahre). Die daran gemessen winzige Materiescheibe um das supermassive Schwarze Loch im Galaxienzentrum (0,2 pc = 0,65 Lichtjahre) wäre auf der optischen Aufnahme gar nicht auszumachen. Erst im Radiobereich sind diese Details zu sehen (Ausschnitt). An den blau markierten Stellen kommen Maser-Wolken in der Materiescheibe auf uns zu, an den rot markierten bewegen sie sich von uns weg und an den grünen Stellen bewegen sich die Maser-Wolken genau nach links.

M 82 (Entfernung 12 Millionen Lichtjahre) ist eine irreguläre Galaxie. Blau leuchten die Sterne, rot erscheinen die Wasserstoffwolken, die sich bis zu 10 000 Lichtjahre weit ins All erstrecken. Fast explosionsartige Sternentstehung („Starburst") im Galaxienzentrum bläst das Gas nach außen und regt es zum Leuchten an. (Subaru)

Links: Die 130 Millionen Lichtjahre entfernte Galaxie NGC 4650A hat ganz offensichtlich eine bewegte Vergangenheit. Fast senkrecht zur Galaxienebene erstreckt sich ein Ring aus Gas und jungen Sternen – vermutlich der Überrest einer gewaltigen Galaxienkollision vor mindestens einer Milliarde Jahren. (HST)

technik der Radioastronomie: Dazu schalten sie Teleskope über Kontinente hinweg zusammen und beobachten simultan dasselbe Objekt. Mit diesem Trick (Interferometrie) ist der Teleskopverbund so scharfsichtig wie ein einziges Teleskop vom Durchmesser der ganzen Erde. An diesem Projekt war neben Teleskopen in den USA auch das berühmte 100-Meter-Radioteleskop des Max-Planck-Instituts für Radioastronomie nahe dem Eifel-Dorf Effelsberg beteiligt.

Mit dem simulierten „10.000-Kilometer-Teleskop" sehen die Forscher selbst über die enorme Distanz von Millionen von Lichtjahren in der Galaxie viele Details (Abbildung Seite 96). Im Zentrum sitzt ein supermassives Schwarzes Loch von etwa 40 Millionen Sonnenmassen. Eine leicht gebogene Materiescheibe von knapp zwei Lichtjahren Durchmesser, bei der wir genau auf die Kante blicken, umgibt das Schwarze Loch. Selbst diese Details sind dank der Interferometrie zu beobachten. Haben Sie schon einmal versucht, auf einem 260 Kilometer entfernten Groschen Einzelheiten zu erkennen? Die Radioastronomen können das.

Zum Glück für die Astronomen enthält die Materiescheibe um das Schwarze Loch Wasserdampf. Die Wasserwolken in der Scheibe wirken als so genannte Maser, das heißt, sie verstärken Mikrowellenstrahlung, so wie ein Laser „normales" Licht verstärkt. Sie sind sehr helle Punktquellen und somit auch über große Distanzen gut zu beobachten. In der Scheibe um das Schwarze Loch sehen die Astronomen drei Maser-Gruppen: eine in der Mitte der Scheibe, die die Strahlung des dahinter liegenden zentralen Bereichs verstärkt, wo die Materie ins Schwarze Loch stürzt, sowie je eine Masergruppe am linken und rechten Rand der Scheibe, wo die Wasserwolken ihre eigene Mikrowellen-Strahlung verstärken. Die Scheibe rotiert mit 1100 Kilometern pro Sekunde sehr schnell. Die Wolken am rechten Rand kommen mit maximaler Geschwindigkeit auf uns zu (in der Abbildung blau markiert), die Wolken am linken Rand (rot) rasen mit maximaler Geschwindigkeit von uns weg. Die Maser-Wolken in der Mitte (grün) bewegen sich nur rechtwinklig zu unserer Blickrichtung.

Über drei Jahre hinweg haben die Forscher verfolgt, wie sich die einzelnen Maser-Wolken in der Mitte als Folge der Rotation der Scheibe minimal verschoben haben. Da auf Grund der Maser-Wolken am Rand bekannt ist, wie schnell die Wolken sind, lässt sich aus der Verschiebung sofort die zurückgelegte Strecke berechnen. Aus dem beobachteten Winkel, unter dem diese Strecke den Astronomen erscheint, folgt über simple Dreiecksrechnung die Entfernung von NGC 4258. Erstmals haben die Astronomen direkt, ohne jede Eichung von Zwischenschritten, die Entfernung einer Galaxie gemessen.

Zehn Jahre Arbeit – (k)ein Ergebnis

Die Maser ergeben eine Entfernung der Galaxie von 23,8 Millionen Lichtjahren, Hubbles Cepheiden kommen auf 26,4 Millionen Lichtjahre. Im August 1999 hatte das Hubble-Team in einigen wissenschaftlichen Veröffentlichungen der Fachwelt den „endgültigen" Wert der Hubble-Konstanten genannt. Nur vier Wochen später war die Leiterin des „Hubble Key Project", Wendy Freedman, Co-Autorin einer Publikation, in der ein um zwölf Prozent höherer Wert der Hubble-Konstanten (berechnet mit der Maser-Entfernung) genannt wurde – ein einmaliger Vorgang. So kann es in der Wissenschaft kommen: Zehn Jahre harte Arbeit mit dem teuersten Teleskop aller Zeiten verpuffen in wenigen Wochen; ein großes Prestige-Projekt liefert letztlich nicht das gewünschte klare Ergebnis.

Häme wäre hier völlig fehl am Platz. Wissenschaft lässt sich nun einmal nicht planen. Wenn man vorher schon genau wüsste, was herauskommt, bräuchte man nicht mehr zu messen – oder man wäre von vornherein blind für wirkliche Neuentdeckungen. Das Hubble-Weltraumteleskop ist auch ohne klare Hubble-Konstante ein Erfolg – freuen wir uns lieber, dass es in der Astronomie oft überraschende Wendungen gibt, die immer wieder große Spannung aufkommen lassen.

Wenn sich die Bilder biegen
Gravitationslinsen, Einsteins Raumkrümmung

Der Galaxienhaufen Abell 2218 ist ein gewaltiges kosmisches Kaleidoskop, das uns eine weit hinter ihm liegende Galaxie in vielen gebogenen Bildern zeigt. (HST)

Die größten bekannten Materieansammlungen im Universum sind Galaxienhaufen. Sie vereinen eine Vielzahl gewaltiger Galaxien und dominieren mit ihrer enormen Anziehungskraft weite Teile ihrer Umgebung – so wie der „Great Attractor" (Seite 92) Milchstraße & Co. anzieht.

Aber Massen ziehen sich nicht nur gegenseitig an. Galaxienhaufen lenken mit ihrer Materie sogar das Licht dahinter liegender Objekte

ab – sie wirken wie eine gigantische Linse. Weil hier die Schwerkraft, die Gravitation, für das Ablenken verantwortlich ist, spricht man von Gravitationslinsen. Wir auf der Erde sehen dann das weit hinter dem Haufen liegende Objekt verzerrt, vergrößert und zum Teil deutlich verstärkt. Oftmals sehen wir zudem mehrere Bilder eines einzigen Objekts – was nach einem kosmischen Taschenspielertrick klingt, ist eines der spektakulärsten und ästhetischsten Phänomene im gesamten Kosmos.

Bei Gravitationslinsen können Sie die Relativitätstheorie „sehen". Das Hubble-Weltraumteleskop hat den Galaxienhaufen Abell 2218 beobachtet (Bild oben). Der Haufen befindet sich zwei Milliarden Lichtjahre entfernt im Sternbild Drache. Seine Galaxien erscheinen auf der Aufnahme in gelblichen Tönen, typisch für recht alte Sterne. Die massereichen elliptischen Galaxien ballen sich im Haufenzentrum – kleinere Haufenmitglieder sind im gesamten Blickfeld zu erkennen. Rechts oben scheint sich ein kleines weiteres Haufenzentrum zu befinden – ein klares Zeichen, dass hier wieder einmal zwei Haufen verschmelzen. Um den Haufen erstrecken sich in vielen Farben und Formen Dutzende kleiner

Lichtbögen – das verbogene Licht junger Galaxien, die mehr als sechs Milliarden Lichtjahre hinter Abell 2218 liegen. Ohne die verstärkende und vergrößernde Wirkung des Gravitationslinseneffekts wären diese jungen Galaxien gar nicht zu sehen. Abell 2218 ist ein natürliches Vergrößerungsglas, ein riesiges natürliches Teleskop. Ein ganzer Schwarm von Galaxien zeigt uns mit seiner unglaublichen Schwerkraft mal eben eine Ansammlung junger Galaxien weit, weit hinter ihm.

Gespiegelt, verbogen, verstärkt – der Galaxienhaufen Cl0024+1654 (gelb) hat mit seiner Schwerkraft das Licht einer entfernten Galaxie (blau) kräftig bearbeitet. (HST)

Die Galaxie im kosmischen Kaleidoskop

Mit dem Galaxienhaufen Cl0024+1654 (Bild rechts) hat Hubble eine weitere fantastische Linse erwischt – dort ist aber nur eine Galaxie betroffen, die sich durch die Linse verzerrt und vergrößert im Detail beobachten lässt. Wieder erscheinen die Galaxien des etwa vier Milliarden Lichtjahre entfernten Haufens eher gelblich – die Sterne in den Galaxien sind schon deutlich gealtert. Ganz anders dagegen die auffallend blauen Bilder einer einzigen in etwa doppelter Entfernung liegenden Galaxie. Im Haufen selbst sind zwei schwache Bilder zu erkennen – besonders schön sind die zu leuchtenden Bögen verzerrten Bilder der Galaxie auf 4, 8, 9 und 10 Uhr. Dazu gibt es noch etliche weitere, nicht ganz so auffallend „gelinste" Bilder.

Die Astronomen sind überzeugt, es hier mit den Bildern derselben Galaxie zu tun zu haben, weil alle Bilder dieselbe sehr ungewöhnliche Struktur zeigen. Die Galaxienbilder sind in der Mitte sehr dunkel, klares Indiz für einen hohen Staubgehalt. Der äußere blaue Ring besteht aus vielen jungen Sternen, die gerade aus den Staubmassen entstanden sind. Offenbar handelt es sich um eine recht kleine, staubreiche Galaxie, in der gerade viele Sterne entstehen. Die kleinsten erkennbaren Knoten dieses Ringes haben eine Ausdehnung von nur dreihundert Lichtjahren – mit Hilfe des gravitationslinsenden Haufens erforschen die Astronomen dreihundert Lichtjahre große Strukturen in einer fast zehn Milliarden Lichtjahre entfernten Galaxie.

Die sechs Bilder zeigen weitere faszinierende Details. Nach der Theorie der Gravitationslinsen sollten nebeneinander liegende Bilder gespiegelt sein – Gleiches gilt für gegenüber liegende Bilder. Betrachten Sie einmal genau die gelinste Galaxie in Cl0024+1654. Das Bild auf 10 Uhr hat eine helle linke Ecke, nicht weit entfernt leuchtet ein blaues Aktivitätsgebiet aus den dunklen Staubmassen hervor. Das Bild auf 9 Uhr hat die helle Ecke rechts, das Bild auf 8 Uhr wieder links. Das Bild auf 9 Uhr wird leider von einer genau dort liegenden Galaxie des linsenden Haufens gestört. Besonders schön ist der Vergleich der Bilder auf 10 und 4 Uhr – sie sind nahezu perfekt gespiegelt. Ein kosmisches Kaleidoskop.

Aus eins mach vier – die rötliche Galaxie in „nur" 3 Milliarden Lichtjahren entfernt lenkt das Licht des fast genau dahinter stehenden Quasars (10 Milliarden Lichtjahre entfernt) so ab, dass wir vier Bilder dieses Objekts sehen. Kombination aus optischem und Infrarot-Licht.

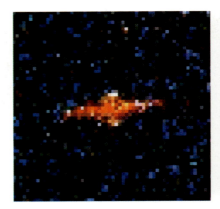  

Oftmals sind nicht alle theoretisch erwarteten Bilder eines Linsenphänomens zu sehen – zum Teil schlucken Staub und Gas im linsenden Haufen oder auf dem Weg vom Haufen zu uns einzelne Bilder. Auch beim Galaxienhaufen Cl2244-02 (Seite 106) ist das VLT nur auf einen riesigen leuchtenden Bogen gestoßen – auch dieser Bogen zeigt eine enorme Detailfülle. Dank der perfekten VLT-Technik konnten die Astronomen mit Hilfe der Spektren die Entfernungen von Haufen und gelinstem Objekt bestimmen – der Haufen ist knapp fünf Milliarden Lichtjahre entfernt, der Lichtbogen stammt von einem Objekt, das sage und schreibe fast zwölf Milliarden Lichtjahre entfernt ist.

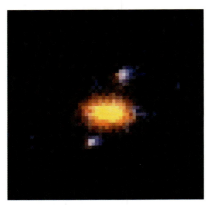

Bei perfekter Aufreihung von Objekt, Linse und Beobachter (= Erde) ist das verformte Bild übrigens ein kompletter Ring – Einstein-Ring genannt (Seite 109).

Galaxienhaufen wiegen

Gravitationslinsen sind nicht nur einfach schön – für Astronomen sind sie längst ein unverzichtbares Werkzeug. Denn in „gelinsten" Bildern stecken auch Informationen über den als Linse wirkenden Haufen. Die Forscher zählen einfach die Galaxien im beobachteten Haufen und schätzen damit dessen Masse ab. Dabei fällt sofort auf, dass die sichtbare Materie bei weitem nicht ausreicht, die grandiosen Mehrfachbilder zu erzeugen. Der Galaxienhaufen muss voll von Materie sein, die wir nicht sehen. Was sich da an hellen, gelben Galaxien ballt, das ist nur ein sehr kleiner Bruchteil der tatsächlichen Materie. Anders wären die brillanten Linsen nicht zu verstehen.

Aber es kommt noch ein weiterer, wortwörtlich allumfassender Aspekt hinzu: Gravitationslinsen verraten viel über den Aufbau des Kosmos insgesamt. Die großräumige Struktur der Materie im Weltall beeinflusst

direkt die Bildaufspaltung, also den Abstand der Mehrfachbilder voneinander. Um Aussagen über die Struktur des Universums zu machen, müssen die Astronomen viele Gravitationslinsen untersuchen. Da solche Mehrfachbilder von Galaxien leider äußerst selten sind, weichen die Forscher auf Quasare aus, die leuchtkräftigsten und entferntesten Objekte im All – von ihnen kennt man recht viele Gravitationslinsen. Nun messen die Forscher die Bildaufspaltung und vergleichen diese Werte dann mit den von den Modellen über den Aufbau der Welt vorhergesagten. Joachim Wambsganß, Astronom an der Universität Potsdam, beschäftigt sich seit Jahren professionell mit Gravitationslinsen – aus Anzahl und Aufspaltung der Mehrfachquasare zieht er Rückschlüsse auf Art, Menge und Verteilung der Materie im Universum: „Wenn es sehr viele Galaxienhaufen im Universum gäbe, dann würde man sehr viele Mehrfachquasare mit großer Aufspaltung erwarten. Wenn es allerdings weniger Galaxienhaufen und sehr viel mehr kleine kompakte Strukturen wie Galaxien gibt, dann würde man eher kleinere Aufspaltungen erwarten."

Ob Lichtbögen oder mehrfach abgebildete Lichtpunkte – Gravitationslinsen gibt es in vielen Variationen. Neben den charakteristischen Formen zeigt auch die Farbe, dass die dicht nebeneinander stehenden Objekte tatsächlich sehr weit voneinander entfernt sind. Die recht alten und roten Sterne der „nahen" Galaxien verzerren das Licht weit entfernter, junger und damit noch blauer Galaxien. (HST)

Die Anzahl der mehrfach abgebildeten Quasare und die Aufspaltung ihrer Bilder enträtselt also die Verteilung der Materie im Kosmos. Denn Quasare sind äußerst hell und daher weit zu sehen. Selbst wenn der als Linse wirkende Galaxienhaufen nicht mehr zu sehen wäre, so sollte doch der gelinste Quasar noch immer auffallen. Wambsganß: „Es sieht so aus, dass das Standard-cold-dark-matter-universe – eines der am besten untersuchten kosmologischen Modelle – sehr viele groß aufgespaltete Bilder erzeugen würde. Aber die findet man nicht im wirklichen Universum."

Noch ist die Anzahl der bekannten Gravitationslinsen zu gering, um

Trödelndes Licht

Bei Mehrfachbildern von Quasaren ist nicht nur deren Aufspaltung von Interesse. Das Licht der einzelnen Bilder legt durch das All unterschiedliche Wege zurück – zum Teil sind die Strecken sogar unterschiedlich lang. Dies lässt sich messen, wenn der mehrfach abgebildete Quasar ein bisschen flackert – dann flackern die Bilder nicht gleichzeitig, sondern nacheinander, weil das Licht in den einzelnen Bildern eben unterschiedlich lange unterwegs ist. Bei manchen Quasaren – von denen sehr viele starke Helligkeitsschwankungen haben – unterscheidet sich die „Lichtlaufzeit" um bis zu 500 Tage.

Mitte der sechziger Jahre hat der junge norwegische Astronom Sjur Refsdal – heute Professor in Hamburg – eine Methode entwickelt, wie sich direkt aus der Zeitverzögerung in den Bildern die Hubble-Konstante bestimmen lässt (vorausgesetzt, man weiß etwas über den linsenden Haufen). Die Hubble-Konstante ist eine der fundamentalen Größen für unser Verständnis vom Aufbau und der Entwicklung des Universums – und Gegenstand jahrzehntelanger heftiger Debatten. Das Flackern eines Quasars in zwölf Milliarden Lichtjahren Entfernung liefert uns einen der meistgesuchten Parameter in der Astronomie. Bei der Entwicklung dieser Methode waren Gravitationslinsen übrigens noch rein hypothetische Objekte – die erste Linse wurde erst 1979 entdeckt. Innerhalb nur weniger Jahre haben sich die Gravitationslinsen zu einem der ganz großen Themen der Astronomie entwickelt.

Die gelblichen Galaxien des „nur" fünf Milliarden Lichtjahre entfernten Galaxienhaufens Cl2244-02 verbiegen mit ihrer Schwerkraft das blaue Licht einer mehr als doppelt so weit entfernten Galaxie zu einem spektakulären Bogen. Ein paar schwache rötliche Bögen stammen von einer sogar noch weiter entfernten Galaxie. (VLT)

wirklich verlässliche statistische Aussagen über die Modelle vom Aufbau der Welt zu machen. Aber ist dieses faszinierende Phänomen eine Art Schlüsselloch, durch das die Astronomen schon bald die Struktur des Kosmos erahnen?

Zwar gibt es „flackernde" Doppelquasare – doch die Beobachtungen sind mühsam. Man müsste jahrelang möglichst jede Nacht, mindestens aber einmal wöchentlich, die Helligkeit der einzelnen Quasarbilder messen. Die großen Teleskope werden immer nur für wenige Nächte vergeben – keine Chance für so ein aufwändiges Projekt. Dabei reichte jede Nacht eine Stunde Beobachtungszeit – aber bis heute ist keine wirklich gute Beobachtungsreihe zu Stande gekommen.

In diesem Feld tätige Forscher sind sehr auf die Hilfe der Kollegen angewiesen, die gerade Beobachtungszeit haben, und müssen hoffen, dass sie ein wenig Zeit abgeben. Einige Versuche laufen – vielleicht gibt es bald einen ebenso viel versprechenden direkten Wert der Hubble-Konstanten wie bei der Maser-Galaxie NGC 4258 (siehe Seite 96).

Schiefe Bilder durch starke Massen

Bei Mehrfachbildern und spektakulären Lichtbögen sprechen die Astronomen vom starken Gravitationslinseneffekt. Bei nicht ganz so gewaltigen Galaxienansammlungen sind die Bilder knapp neben der Blickrichtung liegender Galaxien zumindest noch leicht verformt – für die Forscher der „schwache Gravitationslinseneffekt".

Da Galaxien nicht „genormt" sind, fällt die minimale Verzerrung bei einzelnen Exemplaren kaum auf. Die Forscher wissen nicht, ob sie es mit einem leicht gelinsten oder eben nur mit einem etwas ungewöhnlich geformten Exemplar zu tun haben. Bemerken die Astronomen aber, dass in einer bestimmten Himmelsrichtung beispielsweise alle elliptischen Galaxien eine charakteristische Deformation haben, dann wäre dies ein deutlicher Hinweis auf eine starke Materieansammlung im Vordergrund.

So lassen sich eben auch Strukturen im Kosmos finden, die für die Erzeugung von Mehrfachbildern nicht massereich genug sind.

Auch kleine Sterne können linsen

Doch der Gravitationslinseneffekt hat sogar eine vergleichsweise „lokale" Anwendung. Neben dem starken und schwachen Effekt gibt es noch das so genannte Microlensing, bei dem einzelne Sterne als Linsen wirken. Das Microlensing spielt in unserer Milchstraße eine große Rolle und ist Gegenstand mehrerer systematischer Suchprogramme. Auf diese Weise suchen einige Astronomen-Teams nach möglichen dunklen kompakten Körpern in der Milchstraße, die zur Dunklen Materie beitragen könnten.

Dazu überwachen sie Millionen von Sternen in den Magellanschen Wolken und nahe dem Milchstraßenzentrum. Die Daten werden automatisch ausgewertet – vor allem geht es um die Helligkeit der vielen Sterne. Denn wenn ein dunkles Objekt langsam in unsere Sehlinie zu einem der überwachten Sterne läuft, dann steigt die Helligkeit dieses Sterns an – es ist so, als halte jemand ein Brennglas zwischen den Stern und uns. Dass die beteiligten Objekte beim Microlensing viel kleiner und uns viel näher sind als bei den großen Gravitationslinsen in den Tiefen des Alls, hat wirklich dramatische Folgen: Während nach menschlichen Maßstäben die entfernten Linsen ewig gleich aussehen, ist das Microlensing in unserem Milchstraßensystem unglaublich dynamisch. Je nach Masse des unbekannten Objekts und Entfernung von der Sehlinie dauert so ein Vorgang bis zu mehreren Monaten – auch die Verstärkung hängt empfindlich davon ab.

Ende August 1997 verzückte ein Microlensing-Ereignis (mittlerweile beobachten die Astronomen jedes Jahr weit über hundert) die Fachwelt, als der gelinste Stern mehr als 200-mal heller schien als gewöhnlich – ein Objekt, das sonst ein mittleres Teleskop erfordert, war dank der Gravitationslinse mit einem Mal in guten Ferngläsern zu sehen. Den Forschern geht es nicht mehr allein um mögliche dunkle Objekte in der Milchstraße. Auch „normale" Sterne, die uns durch Zufall buchstäblich in die Quere kommen, sorgen für Aufsehen – genauer, deren mögliche Begleiter.

Fremde Erden entdecken

Der gelinste Stern wird beim Microlensing im Zeitraum einiger Wochen kontinuierlich heller, erreicht irgendwann sein Maximum und wird dann wieder allmählich schwächer. Hat der linsende Stern aber Planeten, die durch Zufall ebenfalls genau zwischen uns und dem gelinsten Stern durchlaufen, dann bemerken die Forscher für wenige Stunden einen extremen Helligkeitsanstieg des beobachteten Sterns mit anschließend ebenso schnellem Absinken. Erdgroße Planeten führen zu einem „Aufblitzen" von nur wenigen Stunden. Faustregel: Je kleiner der Planet, desto kürzer dauert der Helligkeitsanstieg an.

Einer Sternwarte allein könnte so ein Ereignis leicht entgehen – weil da auch mal Tag ist. Die Astronomen bemühen sich daher um ein Netz von Sternwarten, die in Australien, Südafrika und Chile stehen und bei Alarmmeldungen schnell die kontinuierliche Überwachung der Stern-mit-Planeten-Kandidaten gewährleisten.

Gerade jetzt, da bei manchen Astronomen das Planeten-Fieber grassiert, kommt der Planetensuche mit Microlensing große Bedeutung zu. Denn die üblichen Suchprogramme, die in den vergangenen Jahren für Aufsehen sorgten, erfassen bestenfalls jupitergroße Planeten – Kleinkram wie die Erde bleibt ihnen verborgen. Das ist die Chance für das Microlensing.

Einen kleinen Haken hat das Ganze aber auch: Die Beobachtungen sind nicht wiederholbar – hat der linsende (und direkt zumeist unsichtbare) Stern mitsamt Planet die Sehlinie passiert, verschwindet er für immer im Sterngewimmel der Milchstraße und kommt uns garantiert für die nächsten zweihundert Millionen Jahre nicht mehr in die Quere.

Also müssen die Astronomen entsprechend gut vorbereitet sein und präzise messen. Ein astronomischer Staffellauf – die Sternwarten in Australien, Südafrika und Chile reichen den „Beobachtungsstab" immer weiter – ermöglicht den Forschern, auch wirklich die wenigen Stunden abzupassen, in denen die Natur gleichsam eine Superlupe hinhält, um viele tausend Lichtjahre entfernte erdgroße Planeten zu entdecken.

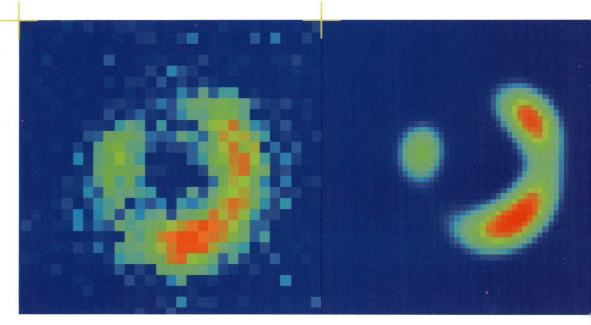

Links der fast geschlossene Einstein-Ring – die linsende Galaxie wurde mittels Bildbearbeitung entfernt. Rechts der simulierte Anblick des gelinsten Objekts, den das – wie man sieht – sehr gute Modell der Gravitationslinse liefert. (VLT)

Ein fast geschlossener Einstein-Ring – die rötlich leuchtende Galaxie hat das grüne Licht eines entfernten Objekts fast zu einem Kreis verformt. (VLT)

Irrlichter aus den Tiefen des Kosmos
Wie BeppoSAX die Gamma Ray Bursts erwischte

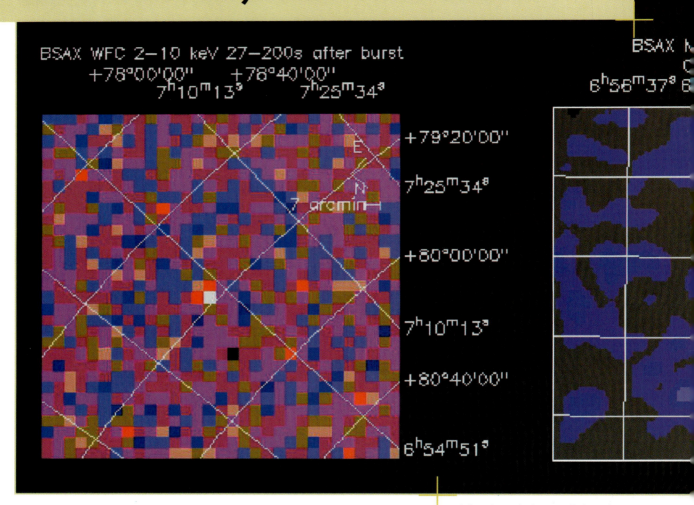

Links: Die Entdeckungsaufnahme des historischen Gamma Ray Burst vom 8. Mai 1997 – der weiße Punkt mitten im Blickfeld der Weitwinkelkamera ist der Burst.

Mitte: Nur wenige Stunden nach der Entdeckung hat eines der genaueren Röntgenteleskope an Bord von BeppoSAX das Nachleuchten beobachtet.

Rechts: Sechs Tage nach dem Burst war das Röntgen-Nachleuchten fast verloschen.

Rom, Hotel Traian, Zimmer 312, 9. Mai 1997, frühmorgens 2.20 Uhr – das Telefon jagt mich aus tiefsten Träumen. Es klingelt wirklich – trotz gerade einmal zwei Stunden Schlafs bin ich sofort hellwach. Er ist da, schießt es mir blitzartig durch den Kopf, es ist tatsächlich passiert – niemand sonst hat diese Nummer, es muss passiert sein. Voller Erwartung reiße ich den Hörer hoch – am anderen Ende der Leitung höre ich Enrico Costa lachend „The burst is there" sagen.

Ich springe in die Kleidung, schnappe das griffbereite Aufnahmegerät, fliege die Treppen hinunter, vorbei am verdutzten Portier, haste ein paar Gassen durch das schlafende Rom und schrecke an der Piazza Venezia einen dösenden Taxifahrer hoch. Die Fahrt in die Außenbezirke dauert

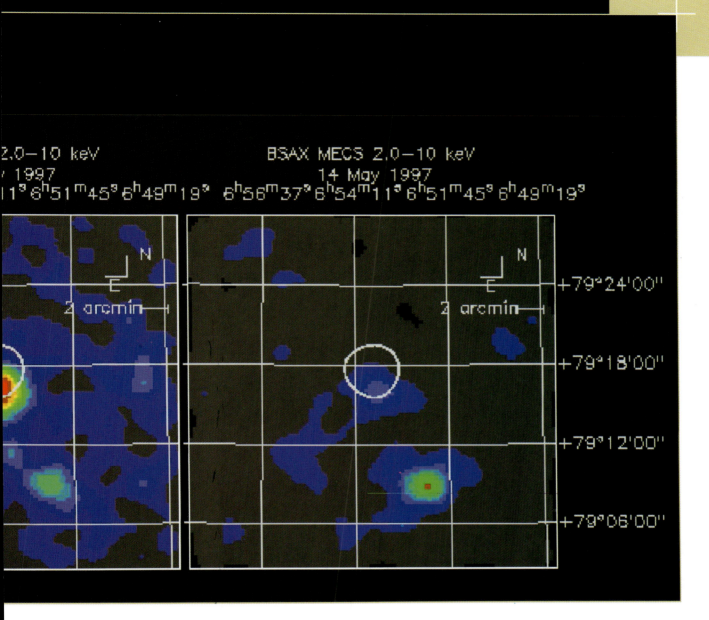

mir viel zu lange. Jetzt, wirklich jetzt gerade passiert da draußen im All etwas Unerhörtes und dieser römische (!) Taxifahrer kann nicht schnell genug über leere Straßen brausen. Noch ein kurzes Stück über die alte Konsularstraße Via Tiburtina und dann auf halbem Wege nach Tivoli – es ist mittlerweile kurz nach drei – rechts ab in die Via Corcolle.
Im Gebäude Nummer 19 ist der Sitz von Nuova Telespazio, dem Kontrollzentrum des seit April 1996 um die Erde kreisenden italienisch-niederländischen Satelliten BeppoSAX.

BeppoSAX hatte am späten Abend des 8. Mai – ausgerechnet Himmelfahrt (und das in Rom ...) – wieder einmal einen Gamma Ray Burst erwischt, einen gewaltigen Ausbruch von Gammastrahlen (der energie-

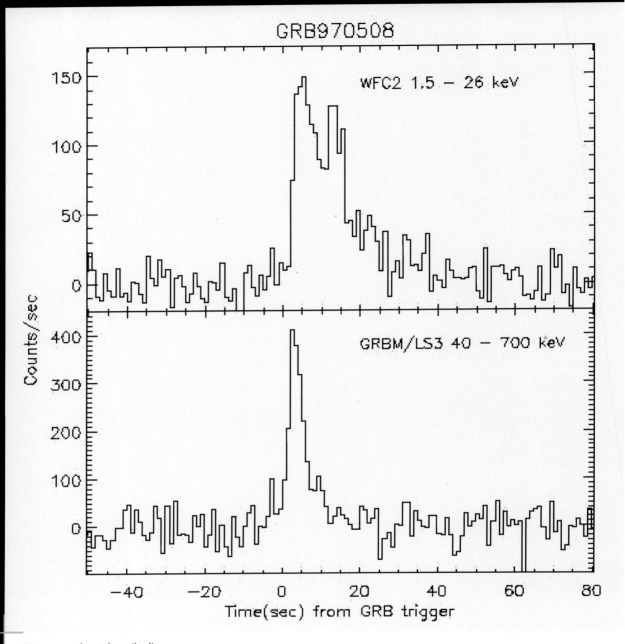

Die waagerechte Achse gibt die Zeit an, die senkrechte die Strahlungsintensität.

Oben: Im Blickfeld der Weitwinkelkamera war der Strahlungsausbruch im Röntgenbereich gut zwanzig Sekunden lang zu sehen.

Unten: Der Gamma Ray Burst Monitor registrierte einen knapp zehn Sekunden langen Strahlungsausbruch.

reichsten Strahlung überhaupt) irgendwo im Universum. Das sind jene kosmischen Irrlichter, die nahezu täglich irgendwo am Himmel für wenige Sekunden aufflammen (leider viel seltener im begrenzten Blickfeld des Satelliten) – und stets ebenso schnell wieder verschwinden wie sie gekommen sind. Seit Ende der sechziger Jahre ließen die Gamma Ray Bursts stets eine düpierte Astronomengemeinde zurück. Was hinter den Bursts steckt, wo und wie sie ausbrechen – jahrzehntelang hatten die Wissenschaftler keinen Schimmer. Bis BeppoSAX kam. Am Tag vor dem Burst-Alarm hatte ich das „Zuhause" von BeppoSAX für den Deutschlandfunk besucht und lange mit den Forschern gesprochen. Nachdem schon neun und vier Wochen zuvor BeppoSAX einen Burst erwischt hatte, sei es allmählich mal wieder fällig, hatte ich – zum Entsetzen der hier ausnahmsweise mal etwas abergläubischen Wissenschaftler – noch beim Abschied gewitzelt und meine Hotel-Telefonnummer auf der Alarm-Liste hinterlassen. Acht Stunden später klingelt das Telefon – Reporterglück.

Gamma Ray Bursts – jetzt oder nie!

Jetzt muss alles ganz schnell gehen. Die Ausbrüche im Gammastrahlenbereich dauern nur ein paar Sekunden – das Nachleuchten im Röntgenlicht ein paar Stunden bis Tage. Was ungewöhnlich für die Astronomie ist, hier kommt es wirklich auf jede Minute an, weil das zu beobachtende Objekt sich schnell verändert. Jede Verzögerung bedeutet einen unwiederbringlichen Informationsverlust. Bei Aufnahmen weit entfernter Galaxien oder ähnlichem spielt es letztlich keine Rolle, ob man da morgen, in zwei Wochen oder in 15 Millionen Jahren hinguckt – die Aufnahmen wären ohnehin identisch.

Doch wenn ein Burst hoch geht, ist alles anders. Enrico Costa, der für die Erforschung der Gamma Ray Bursts verantwortliche Wissenschaftlicher im BeppoSAX-Team, und seine Kollegen begrüßen mich strahlend – wenn auch mit etwas kleinen Augen. Der „große Burst-Alarm" hat sie genau wie mich aus dem Schlaf und die Dienst habenden Wissenschaftler und Flugingenieure aus der nächtlichen Routine gerissen. Über die Monitore des Kontrollzentrums flimmern kryptische Zahlenkolonnen, Messkurven und Grafiken. Ein deutlicher Ausschlag in einer zittrigen Kurve (Abbildung links) und ein winziger Fleck vor dunklerem Hintergrund (Abbildung Seite 110 links) elektrisieren die Wissenschaftler.

Die Kurve zeigt, wie um 23.42 Uhr der Burstmelder an Bord von BeppoSAX für etwa 10 Sekunden ausgeschlagen hat. Das Gerät registriert einfallende Gammastrahlung aus allen Richtungen, merkt aber nicht, woher die Strahlen kommen. Im Schnitt registriert es einen Burst pro Tag. Wenn die Forscher Glück haben, blitzt der Burst im Blickfeld der beiden Röntgen-Weitwinkelkameras des Satelliten auf – dann ist auch die Position des Burst genau bekannt. In dieser Nacht hatten die BeppoSAX-Forscher wieder Glück. Die Kamera zeigt einen Lichtpunkt im Sternbild Giraffe – das Röntgenleuchten, das zwangsläufig einem Gammastrahlenausbruch folgt. Die BeppoSAX-Kameras nageln so einen Burst am Himmel 1000-mal genauer fest als es andere Satelliten zuvor konnten. Von der Erde aus ist die Gammastrahlung gar nicht zu sehen – glücklicherweise absorbiert die Atmosphäre die gefährliche Gamma- und Röntgenstrahlung.

Gelingt die sofortige Nachbeobachtung des Burst?

Der Satellit kreist in einer niedrigen Umlaufbahn von knapp 800 Kilometer Höhe. Während eines 100 Minuten dauernden Umlaufs um die Erde besteht nur für acht Minuten Funkkontakt zwischen BeppoSAX und der Bodenstation im kenianischen Malindi. In dieser Zeit müssen die Flugingenieure alle Daten des letzten Umlaufs vom Satelliten herunterladen und alle neuen Befehle hinauf schicken. Die empfangenen Daten laufen über eine Satellitenleitung nach Rom – um kurz nach ein Uhr hatte die Nachtschicht des BeppoSAX-Teams Kenntnis vom fast eineinhalb Stunden zuvor explodierten Burst und löste den Großalarm aus.

Im Kontrollzentrum herrscht angespannte Konzentration. Luigi Piro, Mission Scientist von BeppoSAX, programmiert die Befehle, die nun die hochauflösenden Röntgenteleskope des Satelliten auf die Burst-Stelle richten – draußen künden zwitschernde Vögel von der heraufziehenden Dämmerung. Dann heißt es wieder warten, bis der Satellit erneut von Malindi aus zu sehen ist.

Um 6.30 Uhr, gerade als die ersten Sonnenstrahlen durch die Scheiben des Kontrollzentrums blinzeln, läuft der Count-down – für einen weiteren Kontakt zum Satelliten. Die Verbindung steht. Während der nächsten Minuten übermittelt der Satellit die ersten Messdaten der Nachbeobachtung des Burst. Gegen 7.15 Uhr zeichnet sich dann – nach erster Datenanalyse und Bildverarbeitung – auf dem kunterbunten Computerbild ein kleines Fleckchen ab und schlagartig ist die Anspannung bei Enrico Costa und dem ganzen Team verflogen.

Tatsächlich! Die Röntgenteleskope an Bord von BeppoSAX haben das Nachleuchten des Gamma Ray Burst erwischt (Seite 110/111). Nach diesem Erfolg lässt sich die Müdigkeit nicht mehr überspielen und das ganze Team erholt sich in einer nahe gelegenen Bar bei Capuccino und Cornetto von den Strapazen der Nacht.

Während über Rom ein strahlender Frühlingstag beginnt, arbeiten Astronomen in anderen Teilen der Welt auf Hochtouren. Denn sobald BeppoSAX ein Gamma Ray Burst ins Netz geht und die Position halbwegs genau bestimmt ist, schicken die Astronomen diese Nachricht rund um die Welt und erbitten Nachbeobachtungen – denn der Burst beziehungsweise das, was von ihm übrig bleibt, zeigt sich auf jeden Fall im Röntgenlicht, meist aber auch im sichtbaren Licht und im Radiobereich. Und die Zunft der Astronomen greift entzückt nach der Chance, die der kleine Satellit ihr bietet, und richtet alle verfügbaren Instrumente auf die Burst-Stellen. Vor BeppoSAX war die Position eines Burst nur so grob bekannt, dass die Großteleskope mit ihren kleinen Blickfeldern machtlos waren, das Nachleuchten eines Burst wirklich zu erwischen.

Das Lochmuster der kodierten Maske, durch die die Strahlung in den Detektor der Weitwinkelkamera gelangt. Jedes strahlende Objekt wirft durch die Löcher der Maske einen einzigartigen Schatten, aus dem sich seine Position am Himmel genau berechnen lässt.

Erster Erfolg nach 30 Jahren

Die erste präzise Position eines Gamma Ray Burst hatte BeppoSAX bereits am 28. Februar 1997 geliefert – gut neun Wochen vor jener turbulenten Nacht im Mai. Innerhalb von Stunden hatte das BeppoSAX-Team die Kollegen in aller Welt alarmiert. Paul Groot von der Universität von Amsterdam erinnert sich an diesen Burst, als sei er gestern gewesen:

„Im Moment, als ich den Anruf bekommen hatte, fiel mir ein, dass wir am selben Abend Beobachtungszeit am William-Herschel-Teleskop auf La Palma hatten. Ich habe sofort La Palma angerufen und dem Beobachter gesagt, dass wir eine neue Position von einem Gamma Ray Burst von gestern haben – bitte mach' eine Beobachtung mit dem William-Herschel-Teleskop."

Die Weitwinkelkamera ist knapp 80 Zentimeter lang – die kodierte Maske (vorn) hat eine Kantenlänge von 25 Zentimeter. Nur wenn ein Gamma Ray Burst im Blickfeld einer der beiden Weitwinkelkameras an Bord von BeppoSAX aufblitzt, lässt sich seine Position genau bestimmen.

Nur eine Stunde später, und die Burst-Stelle wäre unbeobachtbar unter dem Horizont gewesen. So aber glückte in aller Eile eine Aufnahme. Zunächst trieb schlechtes Wetter die Dramatik auf die Spitze. Erst nach acht Tagen gelang den Astronomen endlich die erlösende zweite Beobachtung:

„Dann war klar, dass da ein Stern war, eine Quelle, die bei der ersten Beobachtung zu sehen und bei der zweiten völlig verschwunden war. Somit war klar, dass der optische Stern, der nach acht Tagen verschwunden war, das optische Nachleuchten des Gamma Ray Burst war. Das war das erste beobachtete Nachleuchten in fast dreißig Jahren – das war sehr exciting, äh, aufregend!"

Zum ersten Mal hatten die Astronomen gesehen, was da im Kosmos aufblitzt und was sie so lange genarrt hat. Das erste optische Gegenstück war identifiziert – künftig würde man solchen Objekten mit dem gesamten astronomischen Instrumentarium zu Leibe rücken und ihnen schon die Geheimnisse entreißen. Innerhalb von Stunden und Tagen waren die Wissenschaftler weiter gekommen als in drei Jahrzehnten zuvor. Die Erforschung der Gamma Ray Bursts hatte den lähmenden Stillstand überwunden und ist – buchstäblich über Nacht – zu einem der dynamischsten Bereiche der Astronomie geworden.

Am Anfang waren Atombomben

Begonnen hatte das Rätsel der Gamma Ray Bursts Ende der sechziger Jahre mit einer äußerst kuriosen Geschichte. Damals hatten US-Aufklärungssatelliten – zum Erstaunen der Militärs – die Strahlung recht vieler vermeintlicher Atombombentests gemessen. Nur fehlte jeder irdische Hinweis auf die Explosionen – etwa leichte Erdbebenwellen oder erhöhte Strahlung in der Atmosphäre. Auch die Militärs hatten damals schon das verwirrende Problem, das die Astronomen bis zur Ära von BeppoSAX gequält hat. Ihre Detektoren konnten zwar Gammastrahlen registrieren, aber nicht bestimmen, aus welcher Richtung die Strahlen kamen.

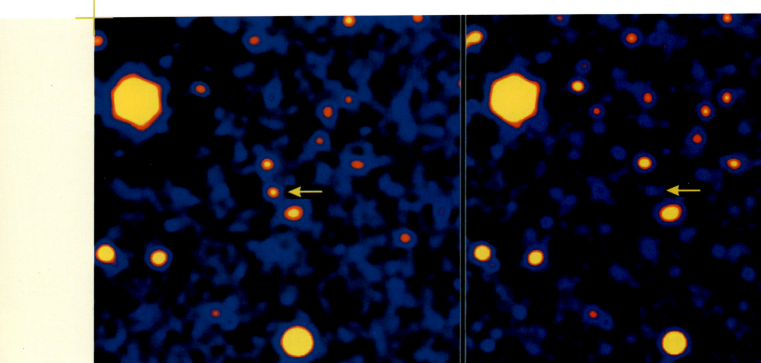

So dauerte es einige Jahre, bis man sich darüber im Klaren war, dass die Gammablitze kosmisch waren – und nicht etwa kommunistisch.

Heutzutage registriert der Gamma Ray Burst-Monitor von BeppoSAX nahezu jeden Gamma-Ausbruch im All – wie gehabt ohne Richtungsinformation. Die genauen Positionen liefern die beiden niederländischen Weitwinkelkameras des Satelliten, die etwa sieben Prozent der Himmelsfläche im Auge haben. Jetzt brauchen die Astronomen nur ein bisschen Geduld: Ein Burst außerhalb der Weitwinkelkameras ist wertlos wie eh und je – aber statistisch blitzt es etwa einmal im Monat im Blickfeld der Kameras.

20 000 Löcher und drei Liter Gas

BeppoSAX trägt sechs wissenschaftliche Instrumente, die das Weltall im gesamten Röntgenbereich erforschen – das ist der Routinebetrieb des Satelliten. Die Gamma-Ausbrüche erledigt BeppoSAX so nebenher. Der Burst-Monitor und die beiden Weitwinkelkameras spähen ununterbrochen ins All. Diese Kameras revolutionieren mit ihren genauen Positionsangaben zwar mal eben ein ganzes Gebiet der Astronomie, seien aber wirklich ganz einfach konstruiert, versichert Jean in't Zand, einer ihrer Erbauer von der Niederländischen Organisation für Weltraumforschung, SRON, in Utrecht:

Das Nachleuchten des Gamma Ray Burst vom 14. Dezember 1997 im 10-Meter-Keck-Teleskop. Das kurz nach dem Burst auffällige Nachleuchten war im Februar 1998 kaum noch zu erkennen.

„Im Prinzip ist das eine so genannte Camera Obscura, eine Lochkamera. Aber statt eines Lochs haben wir 20 000 Löcher in der Maske, durch die die Strahlung dringt! Das ergibt natürlich ein ziemlich unscharfes Bild im Detektor, der bei dieser Kamera praktisch der Film ist. Wir erhalten ein so genanntes kodiertes Bild im Detektor, auf dem man zwar nichts vom Himmel wieder erkennt, in dem aber trotzdem alle Informationen stecken. Man muss das Bild nur dekodieren – wir wissen genau, wo die Löcher sind und können somit aus den Signalen im Detektor den Himmelsanblick rekonstruieren."

Die niederländischen Konstrukteure hatten damit eine fast geniale Idee: Da bei den energiereichen Röntgenstrahlen – wie auch schon bei Gammastrahlen – Glaslinsen und Spiegel nicht weiterhelfen, übernimmt eine „coded mask", eine kodierte Maske (Seite 114/115), die Aufgabe der Linse. Diese Maske ist eine dünne, mit Gold bedampfte Edelstahlplatte. Wie von einer überdimensionalen Schrotladung getroffen, zeigt die Maske ein wirres Muster von 20 000 jeweils einen Quadratmillimeter großen Löchern. Allein die Löcher so anzuordnen, dass sich aus dem Schattenmuster der Platte später ein optimal scharfes Bild zurückrechnen lässt, ist eine Kunst für sich.

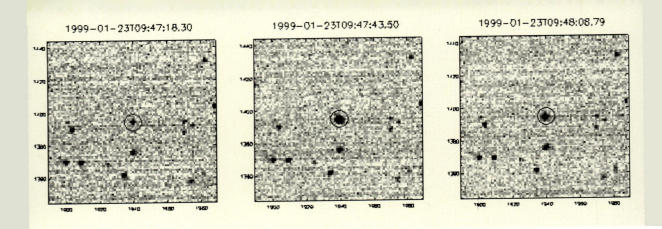

Die 44 Kilogramm leichten Kameras (Abbildung Seite 115) an Bord von BeppoSAX enthalten einen mit dem Edelgas Xenon gefüllten Spezialtank von gut drei Litern Fassungsvermögen. Den Tank durchzieht eine Unzahl hauchdünner, rechtwinklig zueinander gespannter Drähte. Trifft ein Röntgenphoton – nach Passieren der kodierten Maske – in den Detektor, schlägt es Elektronen aus den Gasteilchen heraus. Diese Elektronen lassen an den Drähten einen elektrischen Strom fließen. Die elektrischen Ströme aus dem Detektor werden dann in Position und Energie der beobachteten Röntgenphotonen übersetzt. Die Explosion eines Gamma Ray Burst vor Milliarden von Jahren irgendwo im Kosmos hinterlässt noch heute Spuren in einem winzigen, drahtbespannten Xenon-Tank.

Und wenn dann wirklich ein Burst über die Drähte im Xenon-Tank stolpert – wie am Morgen des 9. Mai geschehen – dann ist auch in Utrecht die Nacht recht früh zu Ende. Jean in't Zand wertet die Daten der Weitwinkelkamera am Computer aus und bestimmt die exakte Position des Burst – was viel Erfahrung erfordert. Sobald die Position veröffentlicht ist, sagen viele Nutzer von Satelliten und Teleskopen ihre geplanten Beobachtungen ab und richten stattdessen das Teleskop spontan auf die Stelle des Burst. Praktisch jeder hatte und hat eine gute Chance, wichtige Daten zu sammeln und an der Lösung eines der ganz großen Rätsel der Astronomie mitzuarbeiten – und, wer weiß, vielleicht winkt da mal ein nobler Preis, sollten die Forscher tatsächlich die Gamma Ray Bursts verstehen. Doch dafür brauchen sie noch jede Menge Daten.

Der historische Durchbruch

Jahrzehntelang tappten die Astronomen, was die Erklärung der Bursts betraf, buchstäblich im Dunkeln. Es kursierten geradezu schillernde Theorien über die Bursts: Mal waren es vergleichsweise harmlose Blitzchen am Rand des Planetensystems, mal ein Aufflammen am Rand der Milchstraße, mal gewaltige Explosionen in den Tiefen des Kosmos – dramatischer Ausdruck astronomischer Ahnungslosigkeit.

Ein wichtiger und schon länger bekannter Beobachtungsbefund ist die völlig gleichmäßige Verteilung der Gamma Ray Bursts am Himmel. Zu einer Häufung kommt es weder in Richtung des Milchstraßenzentrums, noch entlang der Milchstraßenebene. Damit konnten die Bursts schon mal nicht mit normalen Sternen wie unserer Sonne zusammenhängen.

Der zweite „große Burst", der vom 8. Mai, brachte dann endlich den historischen Durchbruch für die Astronomen. Seitdem herrscht Klarheit über die Entfernung der Bursts. Das 10-Meter-Keck-Teleskop auf Hawaii hatte im Licht des optischen Gegenstücks des Burst so genannte Absorptionslinien gefunden, die belegen, dass der Burst in einer mindestens sechs Milliarden Lichtjahre entfernten Galaxie explodiert war. Der für den Nacht-Alarm am Morgen des 9. Mai verantwortliche Gamma-Blitz hatte sich also zu einer Zeit auf den Weg gemacht, als es die Erde und unser Sonnensystem noch nicht gegeben hat.

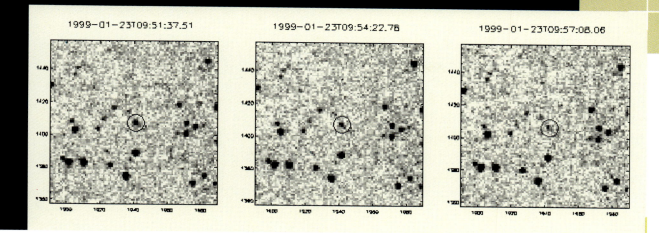

Unglaublich hell, unglaublich winzig

Weit entfernt – und dennoch extrem hell. Woher nehmen die Gamma Ray Bursts bloß ihre unvorstellbare Energie? Für einige Sekunden zählen sie zu den hellsten Strahlungsquellen am Himmel. Allerdings ist solch ein Burst keinesfalls ein einfaches Aufblitzen und Verlöschen. Ein Burst ist ein unglaublich dynamischer Vorgang und flackert in weniger als einer tausendstel Sekunde – für die Astronomen eine äußerst wertvolle Information.

Dazu ein Gedankenexperiment: Würde ein Objekt von der Größe unserer Sonne einen winzigen Augenblick lang aufleuchten, so würde allein die endliche Lichtgeschwindigkeit diesen Blitz auf einige Sekunden verschmieren – weil so viel Zeit vergeht, bis wir das Licht des uns nächstgelegenen und des am weitesten von uns entfernten Sonnenteils sehen. In einer tausendstel Sekunde, wie bei den Bursts, legt das Licht gerade mal 300 Kilometer zurück – mit anderen Worten: Burst-Explosionen ereignen sich in einem Bereich von etwa hundert Kilometern Größe.

Von den bekannten Körpern im All kommen dafür nur Neutronensterne in Frage. Eine Theorie ist, dass bei Gamma Ray Bursts zwei Neutronensterne in einem Doppelsternsystem kollidieren und dabei explodieren – zurück bleibt ein Schwarzes Loch, bei dessen Entstehung die Forscher „live" dabei waren. BeppoSAX liefert die entstehenden Schwarzen Löcher wie am Fließband – doch das Rätsel wird nur noch größer.

Heller als der Rest der Welt

Am 14. Dezember 1997 erwischte BeppoSAX einen Gamma Ray Burst von knapp 30 Sekunden Dauer. Was die monatelangen Nachbeobachtungen von der Erde aus zu Tage brachten, verschlug den Astronomen fast die Sprache. Am Ort des Burst stießen sie auf eine Galaxie, die sage und schreibe fast zwölf Milliarden Lichtjahre entfernt ist. Der Burst muss viele hundert Mal mehr Energie abgegeben haben als eine kräftige Supernova. Ein Großteil der Gamma-Ray-Burst-Modelle kann so viel Energie nicht erklären – wenn überhaupt, dann kommen recht exotische Dinge wie rotierende Schwarze Löcher oder ähnliches ins Spiel.

Riesige Energiemengen auf kleinstem Raum machen selbst George Djorgovsky und seinem Team vom California Institute of Technology ein bisschen Angst:

„Wenn Sie die aus den Beobachtungen abgeleitete Energiemenge mit diesem kleinen Volumen in Verbindung setzen, dann ergibt das eine Temperatur von einigen hundert Milliarden Grad." Und weiter: „That's comparable to the conditions in the universe approximately one thousandth of a second after the big bang. – Und das ist vergleichbar mit den Bedingungen im Universum etwa eine tausendstel Sekunde nach dem Urknall."

Tatsächlich war der Burst vom 14. Dezember 1997 für ein bis zwei Sekunden heller als alle anderen Objekte des Universums zusammen!

Den Gamma Ray Burst vom 23. Januar 1999 hat die optische ROTSE-Kamera beim Ausbruch erwischt. Die ersten drei Bilder wurden 22, 47 bzw. 73 Sekunden nach dem Burst-Alarm aufgenommen. Der Burst wird anfangs noch heller, um dann deutlich abzufallen – auf dem letzten Bild (zehn Minuten nach dem Alarm) ist er schon kaum noch zu sehen.

Unglaublich – aus einem lächerlich kleinen Gebiet kommt mehr Energie als aus dem gesamten Rest des Universums. Was steckt hinter dieser ungeheuren Energiemenge? „Normale" Energieerzeugungsprozesse, wie sie im Innern der Sonne ablaufen, reichen dafür bei weitem nicht aus. Aber selbst die zu Schwarzen Löchern verschmelzenden Neutronensterne erbringen solche Energiemengen nur unter sehr konstruierten Umständen, räumen die Forscher ratlos ein.

Der Gamma Ray Burst im Fernglas

Am 23. Januar 1999 überschlugen sich die Ereignisse. Den Burst jenes Tages haben erstmals nicht nur zwei Satelliten in der Erdumlaufbahn erwischt. Der NASA-Satellit Compton, zu dem – anders als bei BeppoSAX – ständiger Kontakt bestand und den die NASA nach dem Ausfall eines Teils der Navigationstechnik im Juni 2000 etwas voreilig im Pazifik versenkt hat, hatte die sehr grobe Position des Burst sofort an das vollautomatische ROTSE-Teleskop (Robotic Optical Transient Search Experiment) auf dem Gelände von Los Alamos gefunkt. Dieses sehr kleine optische Teleskop machte nun großflächige Himmelsaufnahmen – nur 22 Sekunden nach dem Alarm gelang die erste Aufnahme, auf der später prompt der Burst sogar im sichtbaren Licht zu entdecken war. Für gut eine Minute war dieser Burst so hell, dass er auch in einem normalen Fernglas zu sehen gewesen wäre. Für einige Sekunden hat das Objekt allein im sichtbaren Licht 20 Billiarden mal mehr Energie abgestrahlt als die Sonne. Es gibt einige Theorien, die einen kurzen Blitz unmittelbar nach dem Burst auch im sichtbaren Licht vorhergesagt haben. Mit dieser sofortigen optischen Strahlung sehen die Astronomen nun eine weitere physikalische Komponente eines Gamma Ray Burst. Nur wenige Minuten nach dem Ausbruch war der optische Blitz wieder verblasst.

Das kurze Aufflackern ist Folge gewaltiger Vorgänge in unmittelbarer Nähe der Bursts. Materie prallt

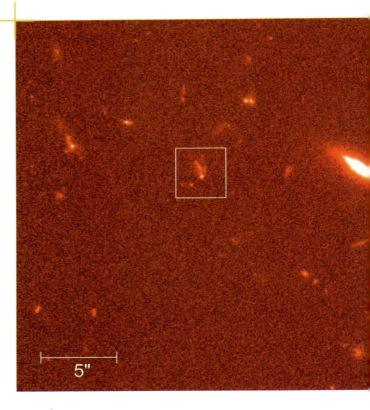

nach der Explosion fast mit Lichtgeschwindigkeit auf Material in der Umgebung. Dabei wird ein Teil zurück geschleudert und sollte dann kurz im sichtbaren Licht aufleuchten. Dagegen leuchtet das weiter nach außen laufende Material viel länger und viel schwächer – was die Astronomen seit dem Burst vom 28. Februar 1997 immer wieder beobachten.

Wer löst das Energie-Rätsel?

Der entscheidende Punkt ist, dass das erste helle Aufleuchten wirklich etwas mit der Explosion zu tun hat. Das länger andauernde Nachleuchten im Optischen oder im Radio-Bereich entsteht dagegen durch die Wechselwirkung des durch die Explosion weg geschleuderten Feuerballs mit dem umgebenden Material. Auch das ist nicht uninteressant, verrät aber außer der Gesamtenergie zunächst keine weiteren Details über die ursprüngliche Explosion.

Der Burst vom 23. Januar 1999 war fast zehn Milliarden Lichtjahre entfernt – und somit der bei weitem

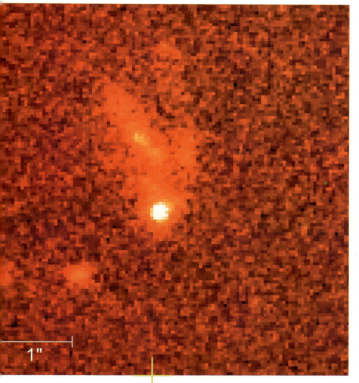

Der Burst vom 23. Januar 1999 flammte am Rand einer weit entfernten, recht unregelmäßig geformten Galaxie auf. Zum Vergleich: Sonne und Mond haben am Himmel der Erde einen Durchmesser von etwa 1800 Bogensekunden ("). (HST)

hellste jemals beobachtete Gamma-Blitz. Die Astronomen können diese Energien nicht erklären – auch dieser Burst war fast 100-mal heller als von den Modellen her zu erwarten ist. Ein Ausweg aus der „Energiefalle" könnte sein, dass die Explosion nicht in alle Richtungen gleichmäßig abläuft. Die Strahlung könnte überwiegend nur in zwei bestimmten Richtungen entweichen – dann wäre ein Gamma Ray Burst also nicht ganz so energiereich, wie bisher angenommen. Bisher gingen die Forscher stets von einer „kugelförmigen" Explosion aus. Jetzt fragen sich viele, ob „gerichtete" Explosionen häufiger vorkommen und wie dies theoretisch zu erklären wäre.

Die Astronomen hoffen auf hochauflösende Beobachtungen im Radiobereich (Interferometrie). Eines Tages könnte sich zeigen, dass die Feuerbälle tatsächlich nicht gleichmäßig expandieren, sondern dass der Explosionsüberrest recht stark strukturiert ist. Vielleicht erkennen die Forscher dann zwei Strahlungskegel, so genannte Jets, die dann wieder Informationen über die Explosion selbst liefern.

Nach dem gängigen Modell bildet sich bei einem Gamma Ray Burst ein Schwarzes Loch: Dabei stürzt aus einer rotierenden Scheibe enorm viel Materie ins Zentrum. Ein Teil der Strahlung könnte dann diese Scheibe nur senkrecht nach oben oder unten verlassen. John Heise, Leiter der Gruppe in Utrecht, und seine Kollegen haben beim wochenlangen Nachglühen des Burst einen charakteristischen Strahlungsabfall beobachtet, der sich wunderbar mit dieser Idee erklären lässt:

„Das Faszinierende ist, dass wir fast mit jedem neuen Burst mehr lernen. Anfangs dachte ich, gut, wir wissen jetzt, dass die Bursts weit draußen im All sind und jetzt brauchen wir mindestens hundert Bursts, um mit besserer Statistik mehr sagen zu können. Aber das ist ganz offenbar nicht der Fall. Es passieren tolle Dinge: 1998 schien ein Burst mit einer besonderen Supernova zusammenzuhängen. Dann sind manche Bursts sehr hell, wie dieser hier. Bei anderen wiederum sehen wir keinerlei Heimatgalaxie, in der der Burst explodiert ist – das ist alles sehr eigenartig."

Es ist nur eine Frage der Zeit, bis BeppoSAX im All und die Teleskope auf der Erde wieder einen Burst in die Zange nehmen. Denn soviel man an den Bursts aussetzen mag – immerhin sind sie zuverlässige Zeitgenossen: Der Strahlungsblitz des nächsten gut beobachteten Burst ist schlimmstenfalls noch einige Lichtwochen von uns entfernt – und irgendwann erwischen die Astronomen auch ihn. Wann geben die Gamma Ray Bursts ihr Geheimnis preis?

So weit die Photonen tragen
Blick in die Anfänge des Universums

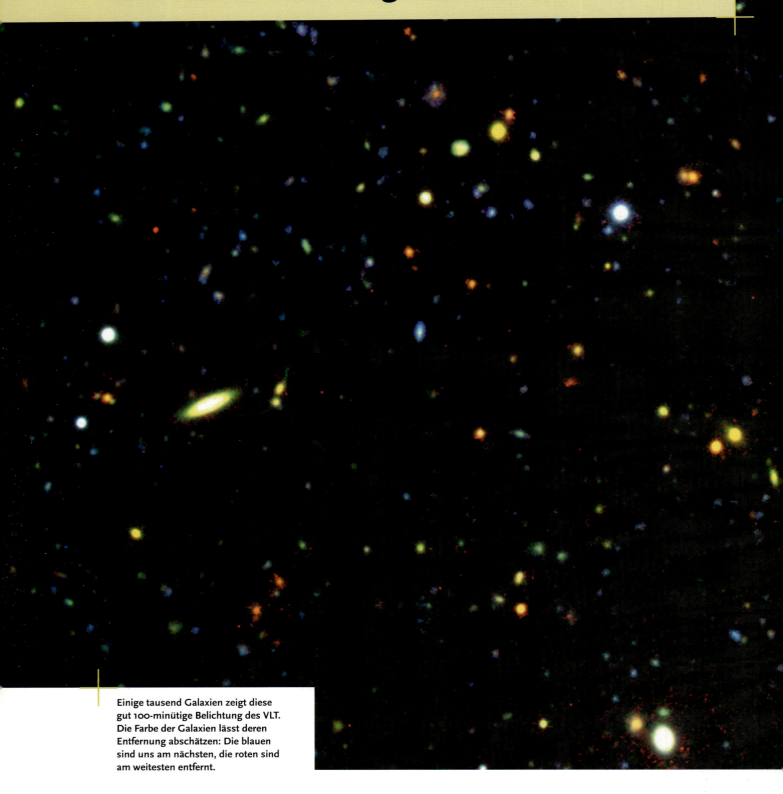

Einige tausend Galaxien zeigt diese gut 100-minütige Belichtung des VLT. Die Farbe der Galaxien lässt deren Entfernung abschätzen: Die blauen sind uns am nächsten, die roten sind am weitesten entfernt.

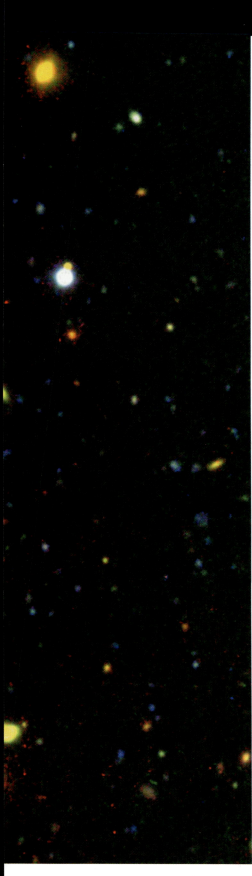

Mit jedem Sprung nach vorn in der Teleskoptechnik machen die Astronomen einen weiteren Schritt hinaus in die Tiefen des Alls – und damit einen weiteren Schritt zurück in die Vergangenheit des Universums. Zeit und Raum hängen direkt zusammen: Je weiter der Blick räumlich reicht, desto weiter geht er auch zeitlich zurück. Erspäht das VLT heute Galaxien, die mehr als zwölf Milliarden Lichtjahre entfernt sind, so sehen die Astronomen dort das All in einem Zustand, als es kaum drei Milliarden Jahre alt war. Auf den Teleskopspiegel fallen Lichtteilchen, die viele Milliarden Jahre lang unterwegs waren, nur um ihre kostbare Information im Detektor der Astronomen abzulegen. Können wir uns die Frustration eines Photons vorstellen, das nach so langer Reise das Teleskop knapp verfehlt und sinnlos in den Staub der Atacama-Wüste prallt? Die Kinderstube des Kosmos taucht bei so genannten Deep Fields auf – bei „tiefen Feldern". Dabei starrt ein Teleskop viele, viele Stunden – manchmal mehrere Tage lang – auf dieselbe Stelle am Himmel und sammelt so alle Photonen, die aus dieser Richtung des Alls auf den Empfänger fallen. Diese Langzeitbelichtungen zeigen Details buchstäblich vom Rand der Welt.

Wie dramatisch ein einzelnes Beobachtungsprojekt ein ganzes Gebiet der Astronomie fast schon voranpeitschen kann, hat Anfang 1996 das „Hubble Deep Field" gezeigt. Zehn Tage lang hatte das Weltraumteleskop auf dieselbe Stelle im Sternbild Großer Bär gestarrt. Bei der Präsentation des Bildes im Januar 1996 gerieten die Forscher völlig aus dem Häuschen. Ray Villard vom Space Telescope Science Institute im US-amerikanischen Baltimore verglich die Bedeutung von Hubbles tiefstem Blick ins All mit der von Neil Armstrongs ersten Schritten auf dem Mond:

„One peek into a small part of the sky, one giant step backwards in time."
„Ein winziger Blick an den Himmel, ein gigantischer Schritt zurück in der Zeit."

Nie zuvor hatten Astronomen Objekte so weit draußen im All beobachtet. Amos Yahil von der Universität von Stony Brook, nahe New York, hat beim Anblick des Hubble Deep Field alles andere stehen und liegen gelassen und sich sofort auf die weit entfernten Galaxien gestürzt:

„Wir haben jetzt Galaxien in so großen Entfernungen beobachtet, dass die Reisezeit des Lichts von der Galaxie bis zu uns 90 bis 95 Prozent des Alters des Universums beträgt. Mit anderen Worten: Als sich das Licht auf die Reise gemacht hat, war das Universum nur 5 bis zehn Prozent so alt wie heute. Galaxien neigen dazu, etwa zu dieser Zeit zu entstehen oder sogar etwas später. Wir sind jetzt also an dem Punkt angelangt, wo wir Galaxien unmittelbar bei ihrer Entstehung beobachten!"

Das legendäre Hubble Deep Field zeigt nur zwei einzelne Sterne. Sie fallen mit ihren „Strahlen" auf (oben und unten am Bildrand; die Strahlen sind so genannte Beugungsmuster im Teleskop). Alle andere Objekte sind entfernte Galaxien.

Galaxien so weit das Auge reicht

Tatsächlich ist am Rande der Welt mehr los, als viele gedacht haben. Die Stelle des Hubble Deep Field (HDF) erscheint selbst in mittelgroßen Teleskopen fast völlig leer. Kaum Sterne oder Staub unserer eigenen Galaxis trüben dort den Blick in die Tiefen des Kosmos. Doch statt ein paar versprengter Galaxien, die Aufnahmen zuvor an dieser Stelle gezeigt hatten, enthüllte das Weltraumteleskop eine ungeahnte Fülle von Objekten. Auf dem HDF sind überhaupt nur zwei einzelne Sterne zu sehen, die sofort mit ihren „Strahlen" auffallen. Nur diese beiden Objekte sind Sterne unserer Milchstraße. Sie sind – astronomisch gesehen – ganz nah, nicht einmal ein paar tausend Lichtjahre entfernt. Alle – wirklich alle – anderen Objekte im HDF sind viele Millionen, teilweise sogar viele Milliarden Lichtjahre entfernt. Es sind Galaxien, die jeweils wieder aus unzähligen Sternen bestehen.

Die Astronomen waren begeistert: Erstmals hatten sie einen richtig langen „Bohrkern" durch Raum und Zeit. Im Hubble Deep Field tummeln sich kleine Bruchstücke von Galaxien, die allem Anschein nach die Bausteine der späteren großen Galaxien sind. Die Forscher brauchten eine Weile, um die zweidimensionale HDF-Aufnahme räumlich und zeitlich zu entwirren. Was ist weit entfernt – was liegt uns recht nahe? In großer Entfernung sehen wir die Objekte in jungen Jahren – dagegen sind die Galaxien in unserer Nachbarschaft schon recht weit entwickelt. Bleibt man beim Bild vom Bohrkern, dann war das Problem der Astronomen, dass der Bohrkern völlig zusammen gerutscht war – „Fossilien" jeden Alters lagen nebeneinander auf dem Labortisch.

Auf den ersten Blick ist klar, dass die groß und sehr detailreich erscheinenden Galaxien uns in der Regel näher sind als die kleinen Lichtkleckse. Bei den kleinen Klecksen könnte es sich um sehr kleine und nahe Galaxien oder um sehr große und sehr ferne Systeme handeln. Bei ihnen hilft die Farbe der Kleckse – Faustregel: Je rötlicher die Galaxien erscheinen, desto weiter sind sie entfernt. Entsprechend gilt: Je rötlicher die Galaxien erscheinen, in einem desto jüngeren Stadium sehen wir sie.

Die dunklen Zeitalter verschwinden

Die verschiedenen Deep Fields zeigen, dass es damals in der Jugendzeit des Kosmos, in den ersten ein bis zwei Milliarden Jahren unseres Weltalls, überraschend turbulent zugegangen sein muss. Dabei hatten die Forscher dort die „dark ages", die dunklen, weil noch sternlosen Zeitalter erwartet. Nach bisherigen Modellen sollte es eine ganze Zeit dauern, bis sich erste Sterne und Galaxien bilden konnten. Eine Vorstellung, der Amos Yahil nach den neuen Daten diverser Deep Fields nicht mehr viel abgewinnen kann:

„Ich glaube, dass es kein wirklich dunkles Zeitalter gibt. Es ist einfach so, dass sich früher erst einmal kleinere Dinge gebildet haben – und das macht es natürlich schwieriger, da etwas zu sehen. Es könnte sein, dass sich die ersten Einheiten schon zu der Zeit gebildet haben, als das Universum nur etwa ein Tausendstel seiner heutigen Größe hatte."

So spektakulär neue „Tiefenrekorde" in immer größere Entfernungen auch sein mögen – es sind nur ein paar ganz tiefe Blicke an einigen winzig kleinen Stellen. Das Hubble Deep Field ist ein Fleck am Himmel von einem Dreißigstel des Monddurchmessers. Da sehen die Forscher, dass es schon sehr früh im Kosmos Sterne und Galaxien gegeben hat – aber es fehlt schlicht der Überblick.

Der acht Milliarden Lichtjahre entfernte Galaxienhaufen MS1054-03 enthält Hunderte von Galaxien. Von 81 genauer untersuchten Exemplaren stellten sich 13 als gerade kollidierende Galaxienpaare heraus (rechts einige Beispiele) – eine überraschend hohe Quote. (HST)

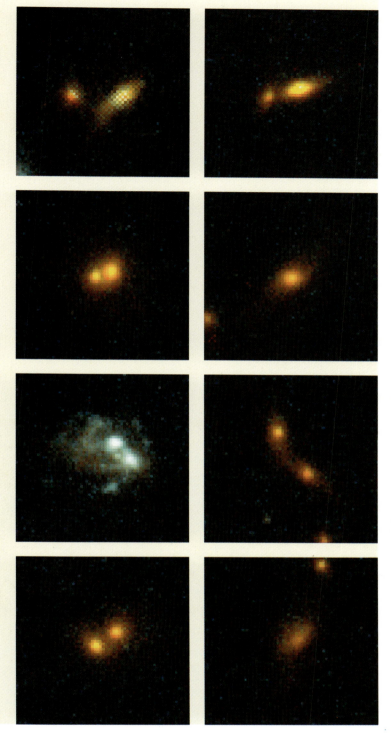

Volkszählung für Galaxien

Wie hat sich das Weltall seit diesen ersten Galaxien entwickelt? Wie ist es zu dem geworden, was es heute ist? Bevor die Forscher sich an solch fundamentale Fragen wagen können, müssen sie erst einmal wissen, was es überhaupt im Universum gibt – eine „kosmische Inventur" muss her. Also: Ran an die Galaxien! Nicht an ein paar wenige, weit entfernte Exemplare – nein, eine kosmische „Volkszählung" muss her, um zu erfahren, wie das Weltall auf größeren Skalen aussieht. Bei so genannten „Surveys" suchen die Astronomen ein bestimmtes Himmelsgebiet gründlich nach Galaxien ab und bestimmen deren Entfernung. Alexander Szalay, ungarischer Kosmologe an der Johns Hopkins University in Baltimore, war an einem der ersten weit hinaus reichenden „Surveys" beteiligt – und erinnert sich an verblüffende Ergebnisse:

„Um 1990 herum haben wir an sehr tiefen Beobachtungen gearbeitet, die damals Rekordweiten erreichten. Die Galaxien erschienen seltsam regelmäßig verteilt – in Gruppen, die jeweils knapp 400 Millionen Lichtjahre voneinander entfernt waren. Viele Leute hielten das damals für völlig verrückt, aber jetzt zeigt sich solch ein Muster bei einer ganzen Reihe von Untersuchungen an vielen Stellen am Himmel."

Zwar war schon lange bekannt, dass Galaxien oft kleine Gruppen bilden, die sich wiederum zu größeren Haufen ballen. Aber diese Haufen sollten doch ziemlich zufällig im All verteilt sein. Plötzlich schien die großräumige Struktur, die Anordnung der Galaxien und Galaxienhaufen im Universum, viel komplexer zu sein, als bis dahin angenommen.

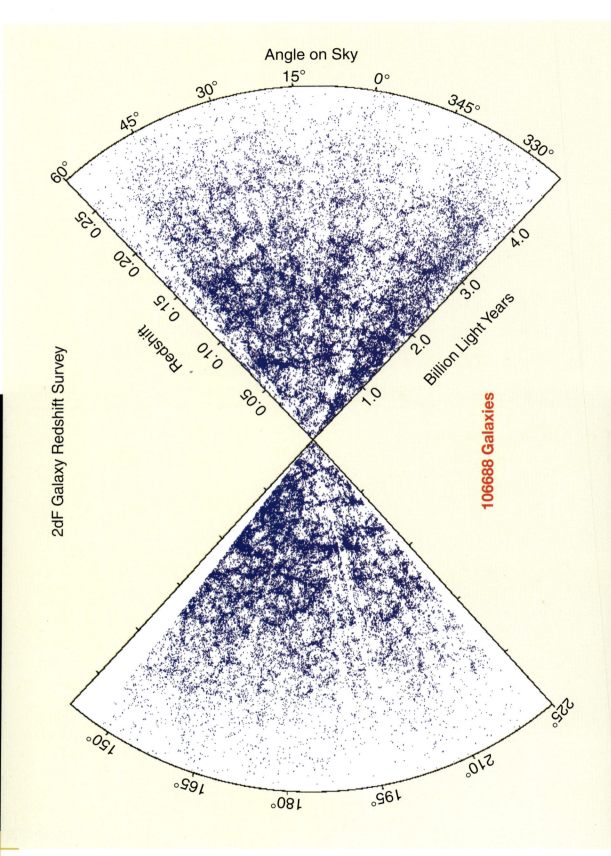

Für den „2dF Galaxy Redshift Survey" misst ein internationales Astronomenteam am Anglo-Australian Observatory von etwa 250 000 Galaxien präzise Position und Rotverschiebung (Entfernung). Das Zwischenergebnis vom Juni 2000 zeigt, dass die bis dahin erfassten 112 867 Galaxien im Umkreis von gut drei Milliarden Lichtjahren nicht gleichmäßig im All verteilt sind, sondern netzartige Strukturen bilden (Billion Light Years = Milliarden Lichtjahre).

Mitte der neunziger Jahre beobachteten die Astronomen für den „Las Campanas Redshift Survey" (LCRS) fast 25 000 Galaxien in bis zu gut einer Milliarde Lichtjahren Entfernung. Dazu haben die Forscher breite Streifen, die sich über ein Viertel der Himmelskugel erstreckten, nach Galaxien durchforstet und deren Entfernung gemessen. Was sich bei den tiefen Beobachtungen Alexanders Szalays angedeutet hatte, wurde vom LCRS und inzwischen auch vom „2dF Survey" (Abbildung links) eindrucksvoll bestätigt, erklärt Gerhard Börner vom Max-Planck-Institut für Astrophysik in Garching.

„Man findet also große leere Bereiche, in denen sehr wenig helle Galaxien vorkommen. Die Galaxien sind quasi konzentriert auf der Oberfläche von etwa kugelförmigen Bereichen und auch eine Konzentration von Galaxien in schnurartigen, filamentartigen Strukturen lässt sich da gelegentlich beobachten. Ein Ziel der Kosmologie ist, herauszufinden, wie diese Struktur zu Stande kommen konnte, wie sie sich entwickelt hat und auch wie sie tatsächlich beschaffen ist. Denn es ist auch nicht ganz trivial, das, was man am Himmel beobachtet, dann wirklich zu verstehen, dieses kosmische Buch wirklich zu lesen."

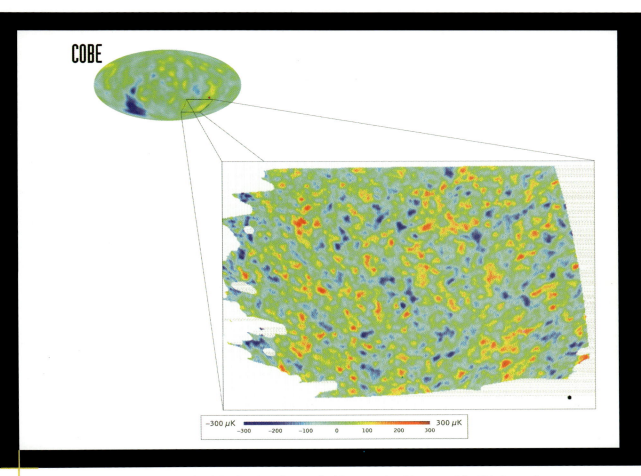

1991 hatte der Satellit COBE erstmals minimale Schwankungen der Hintergrundstrahlung um einige Zehntausendstel Grad Celsius nachgewiesen (oben links). Das Ballon-Teleskop Boomerang hat bei einem zehntägigen Flug in der Antarktis 2,5 Prozent der Himmelsfläche 35-mal schärfer beobachtet als COBE (veröffentlicht Ende April 2000). Die Temperaturschwankungen der Hintergrundstrahlung entsprechen Unterschieden in der Materieverteilung im gerade mal 300 000 Jahre jungen Kosmos. Aus diesen winzigen Dichteschwankungen haben sich im Laufe der Zeit Haufen und Superhaufen von Galaxien gebildet, die sich im Survey (Abbildung links) abzeichnen.

Das Vertrackte ist, dass die Kosmologen in einem Buch lesen müssen, von dem längst nicht alle Seiten sichtbar sind. Das liegt nicht etwa an unzureichenden Teleskopen – nein, allem Anschein nach ist der überwiegende Teil des Kosmos prinzipiell nicht zu sehen. Man denke nur an die großen Galaxienhaufen, die jede Menge Dunkle Materie enthalten müssen, um die spektakulären Gravitationslinsen zu erzeugen.

In den sechziger Jahren waren die Astronomen auf eine extrem schwache Strahlung gestoßen, die nahezu perfekt gleichmäßig aus allen Richtungen des Kosmos zu uns gelangt. Diese so genannte „Mikrowellenhintergrundstrahlung" erklärt sich zwanglos als Nachglimmen der Feuerwand des Urknalls. In der Hintergrundstrahlung gleichsam eingefroren ist die Ur-Information über allererste Materiestrukturen im gerade mal 300 000 Jahre alten Universum. Doch wie hat sich aus dem kosmischen Einheitsbrei kurz nach dem Urknall die heute so filigrane Struktur unserer Welt gebildet?

Wollen die Astronomen Entstehung und Bewegung der Galaxien auf der Grundlage heutiger Beobachtungen theoretisch nachvollziehen, dann zeigt sich, dass der Kosmos vor allem eines sein muss – dunkel. Das ist fast schon tragisch: Da erahnen die Astronomen jetzt dieses Gespinst aus Fäden und Klumpen im Kosmos, erkennen endlich die netz- oder schaumartige Struktur der Galaxienverteilung – und doch sehen die Forscher, dass sie fast nichts sehen, dass der Kosmos voller Dunkler Materie sein muss.

Verraten Galaxienhaufen die Struktur des Kosmos?

Wir selbst und alles um uns herum bestehen aus baryonischer Materie, wie die Wissenschaftler sagen. Dagegen muss die Dunkle Materie nun im Wesentlichen aus einer ganz anderen Materie-Sorte sein, über die sich bisher nur spekulieren lässt. So kann die Dunkle Materie zwar nicht in Sternen leuchten, aber als Materie verfügt sie über eine fundamentale Eigenschaft, die uns aus dem Alltag nur zu sehr vertraut ist: Auch sie verfügt über eine Anziehungskraft, über die Gravitation. Dieselbe Kraft, die einen Apfel vom Baum fallen lässt, hat über die Dunkle Materie entscheidenden Einfluss auf die Vorgänge im Kosmos. Genau das ist die Chance der Astronomen!

Um zu verstehen, wo es wie viel von der Dunklen Materie geben könnte, müssen die Forscher einfach die großen sichtbaren Strukturen unter die Lupe nehmen. Äußerst präzise Beobachtungsprogramme nie erreichten

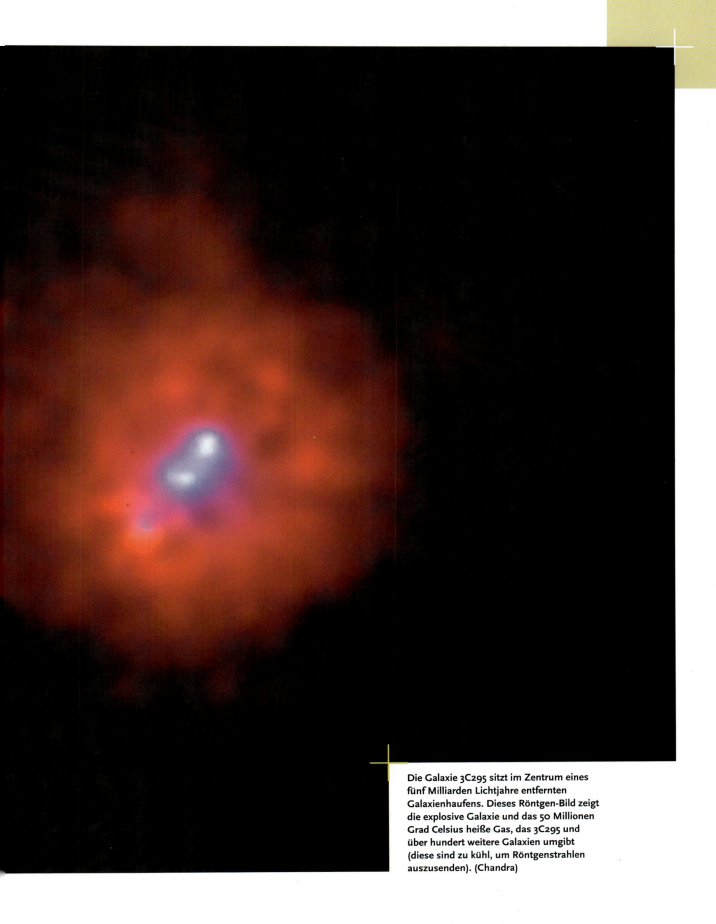

Die Galaxie 3C295 sitzt im Zentrum eines fünf Milliarden Lichtjahre entfernten Galaxienhaufens. Dieses Röntgen-Bild zeigt die explosive Galaxie und das 50 Millionen Grad Celsius heiße Gas, das 3C295 und über hundert weitere Galaxien umgibt (diese sind zu kühl, um Röntgenstrahlen auszusenden). (Chandra)

Umfangs werden die Kosmologie schon bald auf ein ganz neues Fundament stellen – allen voran der so genannte Sloan-Survey. Alexander Szalay, einer der Väter dieses von der US-amerikanischen Sloan Foundation maßgeblich geförderten Projekts, gerät geradezu ins Schwärmen:

„Everyone knows about the Human Genome Project ... – the Sloan survey is the same thing for astronomy."
„Jeder kennt das Human Genome Project, das das menschliche Erbgut extrem präzise vermisst. Der Sloan-Survey ist das Gleiche für die Astronomie. Wir werden ein Viertel der Himmelsfläche so detailliert wie nie digital kartieren. Wir erfassen Farbe, Form und Aussehen von bis zu 200 Millionen Galaxien – und von etwa einer Million Galaxien werden wir die Entfernung exakt bestimmen. Das alles wird für Jedermann im Internet zugänglich sein – der ultimative demokratische Datensatz für die Astronomie."

Bei aller gebotenen Vorsicht mit Vergleichen: Der Sloan-Survey – so eine Art Deep Field in der Fläche – ist sicher eines der ehrgeizigsten Beobachtungsprojekte in der Astronomiegeschichte. Sollte es die hoch gesteckten Erwartungen erfüllen, dann wäre diese kosmologische Bestandsaufnahme wohl nur vergleichbar mit den systematischen Planetenbeobachtungen Tycho Brahes am Ende des 16. Jahrhunderts. Dem alten Dänen ging es weiland um die Struktur des Planetensystems – es ging also um die Struktur des damals bekannten Kosmos. Die Nachfolger Brahes stehen heute vor einem ganz ähnlichen Problem – nur haben sich die Dimensionen „leicht" verändert.

Ebenfalls vergleichbar ist die angestrebte Präzision des Projekts. Tychos Beobachtungen stellten alles Dagewesene weit in den Schatten – und genau das ist heute das Ziel des Sloan-Survey. Acht Gruppen aus den USA und Japan bereiten seit mehr als zehn Jahren dieses Mammutprojekt vor. Jetzt haben die ersten Beobachtungen mit einem 2,5-Meter-Spiegelteleskop auf dem Apache Point in New Mexico begonnen.
Um auch wirklich einen Datensatz zu bekommen, der – wie Alexander Szalay hofft – alle seine Erbauer weit überleben wird, beschränkt sich das Sloan-Team auf die bestmöglichen Sichtbedingungen. Damit werden die Forscher nur etwa 20 Nächte pro Jahr nutzen – hochmoderne und extrem schnell arbeitende Aufnahmegeräte sollen das Projekt dennoch schon in wenigen Jahren zum Abschluss bringen. Die Kosmologie wird man dann in die Epochen „vor" und „nach" Sloan einteilen.

Fast fünf Stunden lang hat das VLT das Hubble Deep Field-South belichtet. Nur der helle weiße Fleck unterhalb der auffallenden Spiralgalaxie ist ein Vordergrundstern. Alle anderen Objekte sind ferne Galaxien – am weitesten entfernt ist vermutlich die kleine rote Galaxie unten in der Mitte, nahe dem Bildrand.

Strahlen ist Silber, Absorbieren ist Gold
Wenn Quasare das All durchleuchten

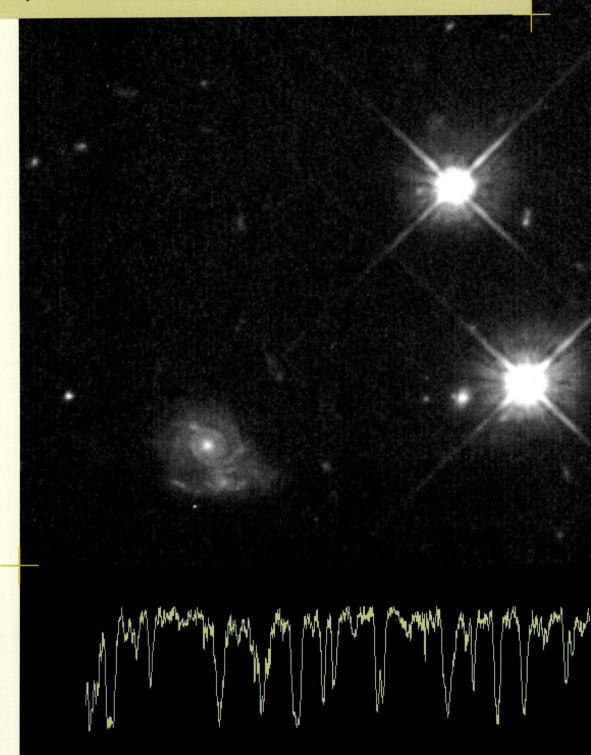

Das untere der beiden hellen Objekte nahe der Bildmitte ist ein mehr als zehn Milliarden Lichtjahre entfernter Quasar (das obere ist ein Vordergrundstern der Milchstraße). Im Spektrum eines Quasars sehen die Astronomen, dass zwischen uns und dem Quasar viele dunkle Gaswolken liegen, die Teile des Quasar-Lichts verschlucken. (HST und VLT)

Die über die größten Entfernungen noch beobachtbaren Einzelobjekte sind die so genannten Quasare, extrem leuchtkräftige Kerne aktiver Galaxien. Nach heutiger Vorstellung sitzt im Zentrum eines Quasars ein supermassives Schwarzes Loch, das Millionen Mal mehr Masse hat als unsere Sonne. In dieses Schwarze Loch spiralt ständig neue Materie hinein und hält das Höllenfeuer in Gang.

Die Quasare selbst sind schon interessant genug, den Astronomen – vor allem den Kosmologen unter ihnen – hat es aber vor allem das angetan, was dem Licht der Quasare auf seiner Reise zu uns „passiert". Das Licht muss bis zu 13 Milliarden Lichtjahre zurücklegen – und auf dieser langen Strecke kommt ihm selbst in der endlosen Ödnis des Alls manche Gaswolke in die Quere. Im All liegen munter verstreut gigantische Wolken herum, die viel größer als die Milchstraße sind und überwiegend aus Wasserstoff bestehen.

Das große Glück der Kosmologen ist nun, dass das Quasarlicht auf seinem Weg zu uns nicht ganz unbehelligt durch diese Wolken kommt – die Wolken prägen dem Licht charakteristische Linien auf. Die kalten Wasserstoffatome im Innern der Wolken lassen das Licht zwar passieren, „klauen" ihm aber die Strahlung einer bestimmten Energie. Dem Quasarlicht fehlt nach Passieren der Wolke die Strahlung dieser ganz bestimmten Wellenlänge – das Licht enthält eine so genannte Absorptionslinie, weil der Wasserstoff das Licht dieser Linie absorbiert.

Gaswolken wie Hühner auf der Stange

Jede Wolke aus kaltem, dunklem Wasserstoff, die irgendwo zwischen uns und dem Quasar liegt, hinterlässt ihre Linien im Spektrum. Zwar hinterlässt Wasserstoff immer dieselben Spuren, also Linien bei derselben Wellenlänge. Wegen der allgemeinen Ausdehnung des Kosmos erscheinen uns die Linien aber ins Rötliche verschoben – und zwar umso mehr, je weiter die Wolken von uns entfernt sind. In den Teleskopen auf der Erde liegen die Linien dann im Spektrum wunderschön nach der Entfernung aufgereiht.

Betrachten die Astronomen ein Quasarspektrum (Abbildung Seite 134/135), sehen sie sofort, dass die Gaswolken auf dem Lichtstrahl des Quasars sitzen wie Hühner auf der Stange. Das helle Objekt unterhalb der Bildmitte ist ein fast zehn Milliarden Lichtjahre entfernter Quasar – das ganz ähnlich aussehende Objekt darüber ist ein Stern unserer Milchstraße. Der untere Bildteil zeigt einen Ausschnitt eines Quasarspektrums. Die einzelnen Wasserstoffwolken haben das Licht des Quasars unterschiedlich geschwächt, erkennbar an den verschiedenen Tiefen der Linien (die Intensität des Quasarlichts geht nicht in den Linien aller Wolken auf null). Dies hängt davon ab, wie viel Wasserstoff die jeweilige Wolke enthält – zum Teil gehen die Wolken auch ineinander über, erkennbar an den sich „mischenden" Linien. Aus der Form und „Dicke" der Linien lässt sich zudem die Temperatur und die Bewegung des Gases in den Wolken abschätzen.

Welche Stoffe vorhanden sind, wie viel es davon gibt, wie sich die Wolken bewegen und welche Temperatur sie haben – alles Informationen, die ein paar „Lücken" im Spektrum preisgeben. Manchmal ist eben auch im Kosmos Schweigen Gold.

Spektren zeigen, wie sich die Materie verteilt

Der Ausschnitt des Spektrums überdeckt einen Raumbereich von etwa 300 Millionen Lichtjahren. In diesem Bereich hat das Quasarlicht mindestens 40 Wasserstoffwolken durchqueren müssen – zählen Sie nach! Dieser Quasar hat das All also geradezu durchleuchtet und damit Strukturen aufgedeckt, die ohne ihn völlig unbeobachtbar wären. Kalte Gaswolken, die sich in längst vergangenen Epochen im All verteilt haben und kaum Strahlung abgeben – im Quasarspektrum sind sie zu sehen. Was genau hinter oder besser in den Wolken steckt, ist noch nicht ganz verstanden. Viele Wolken werden einfach normale Galaxien umgeben. Was da zunächst als dröge Kurve erscheinen mag, entpuppt sich als großartiges Geschenk der Natur. Wie die Spektren zeigen, gab es früher enorm viele Wasserstoffwolken im All – bei den daher dicht aufgereihten Linien sprechen die Forscher sogar vom „Lyman-Alpha-Wald" (diese spezielle Absorption des Wasserstoffs heißt Lyman-Alpha-Absorption). Bei nicht ganz so großer Rotverschiebung – das heißt in sehr viel geringerer Entfernung – gibt es deutlich weniger Absorptionslinien, also gab es da schon erheblich weniger Wasserstoffwolken. In einem

Eine Simulationsbox des heutigen Kosmos mit einer Kantenlänge von 80 Millionen Lichtjahren. Es sind nur die hell leuchtenden Galaxien dargestellt.

Das Bild zeigt Galaxien und die dunklen Gaswolken, die sich nur in den Quasarabsorptionslinien zeigen.

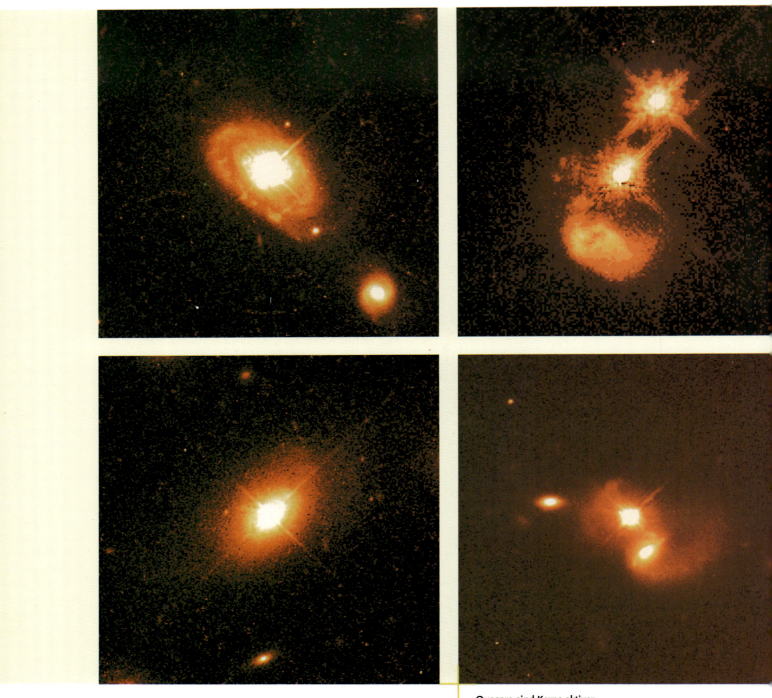

Quasare sind Kerne aktiver Galaxien, in deren Zentrum vermutlich ein supermassives Schwarzes Loch mit einigen Millionen Sonnenmassen sitzt. Solange Materie in das Schwarze Loch strömt, strahlt der Quasar. Bei recht nahen Quasaren (nur einige Milliarden Lichtjahre entfernt) ist auch die Muttergalaxie zu beobachten. (HST)

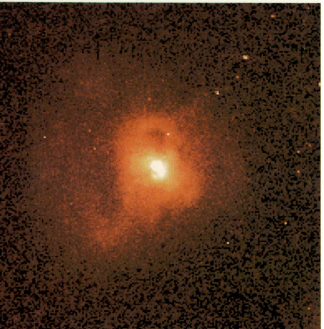

einzigen Spektrum ist zu sehen, wie sich die Verteilung dieser Materiewolken im All mit der Zeit entwickelt hat.

Leider gibt es nicht überall am Himmel Quasare – und die Beobachtungen sind zudem sehr zeitaufwändig. So gibt es bisher noch kein wirklich gutes dreidimensionales Bild der Verteilung der absorbierenden Gaswolken.

Pack den Kosmos in den Computer

Eine wertvolle Hilfe, die bisherigen Beobachtungen zu verstehen, sind so genannte Simulationsrechnungen. Dazu packen Forscher am Astrophysikalischen Institut in Potsdam den Kosmos kurzerhand in den Computer. Der Computer ist für die Astronomen eine Art Laborersatz, in dem sich zumindest virtuell mit den Himmelsobjekten experimentieren lässt, erklärt Volker Müller:

„Ich muss wissen, wie der Kosmos aus dem Urknall herausgekommen ist, also wie sich die Strukturen in der kosmischen Hintergrundstrahlung abbilden. Dann nehme ich verschiedene Bestandteile des Kosmos: Die Dunkle Materie, Strahlung und Neutrinos, teilweise auch normale baryonische Materie, mische die in der universellen Mischung und schaue nach, welche Strukturen daraus entstehen."

Das klingt ein bisschen nach „kosmischem Backrezept" – nicht ganz zu Unrecht: So wie beim Backen aus Zutaten ein Kuchen wird, so müssen die kosmischen Stoffe im Laufe der Simulation die bekannten Phänomene bilden, also die beobachteten Strukturen von Galaxien und Gaswolken. Das „Backpulver" ist im Kosmos die Schwerkraft, die Gravitation, die im Strom der allgemeinen Expansion einzelne Strukturen formt. Als „Kuchenform" dienen den Potsdamern Simulationsboxen – große imaginäre Würfel, die im Computer gefüllt und dort auch „gebacken" werden. Eine Box, die das Universum kurz nach dem Urknall darstellt, muss im Idealfall im Laufe der Zeit genau die uns bekannten Muster von Gaswolken und Galaxien bilden.

Müllers Kollege Jan Mücket zeigt, welche Rolle die aus den Quasarabsorptionslinien gewonnenen Daten spielen.

Stellt er in seiner Simulationsbox nur die Galaxien dar, so ergibt das ein völlig unzureichendes Bild (Abbildung Seite 137).

„Man sieht dann nur ganz wenige Punkte, etwa 30 bis 60 Galaxien in diesem großen Volumen. Betrachte ich dagegen auch die Gasverteilung, also das, was man in den Absorptionslinien sehen würde, so sehe ich dann eine viel reichhaltigere Struktur. Das Gas nimmt also einen weitaus größeren Raum ein als die tatsächlichen hellen sichtbaren Galaxien. Nur über die Quasarabsorptionsspektren können wir also Aussagen gewinnen über die tatsächliche Struktur dieser Materieverteilung im Kosmos."

Es funktioniert. Zwar sieht man in der Box nur die normale Materie, aber in den Modellen spielt die Dunkle Materie mit ihrer Anziehungskraft natürlich die überragende Rolle. Offensichtlich stimmen die Annahmen über die Dunkle Materie ganz gut – sonst hätte sie die sichtbare Materie im Modell zu anderen Strukturen zwingen müssen als genau zu den heute beobachteten. Die Gaswolken in den großen Leerräumen zwischen den Galaxien sind so etwas wie die Schaum-

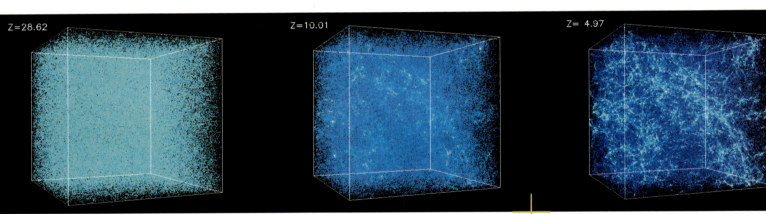

kronen im Meer der Dunklen Materie – denn das Gas wäre ohne die Anziehung durch Dunkle Materie längst in die hellen Galaxien gestürzt. Die Dunkle Materie sitzt also nicht nur geballt in den Galaxienhaufen, sondern wabert auch durch die großen Leerräume dazwischen.

Warum gibt es heute Galaxien?

Im Computer geht die Potsdamer Gruppe dann auch das kosmologische Grundproblem an – wie die kurz nach dem Urknall fast gleichmäßig verteilte Materie die heute beobachtete komplexe Struktur gebildet hat:

„Wir starten von einem Zustand aus, in dem die Materie nahezu homogen verteilt ist – also in der fernen Vergangenheit. Dem überlagern wir

Sechs Simulationsboxen, die einen Würfel des Universums mit einer Kantenlänge von 80 Millionen Lichtjahren darstellen. 10 Prozent der zwei Millionen berechneten Materieteilchen (schon wenige Teilchen stellen eine ganze Galaxie dar) sind abgebildet. Mit der Zeit formt die ursprünglich fast gleichmäßig verteilte Materie die heute beobachteten großräumigen Strukturen.
Die abgebildeten Boxen sind Zwischenstadien der Simulation gut 100 Mio. Jahre (z=28,62),
800 Mio. Jahre (z=10,01),
1,5 Mrd. Jahre (z=4,97),
2,7 Mrd. Jahre (z=3,00),
6,75 Mrd. Jahre (z=0,99) und
15 Mrd. Jahre nach dem Urknall (z=0, heute).

kleine Störungen. Dann entwickelt sich die Struktur zunächst dahingehend, dass sich flächenartige Strukturen bilden. Die meiste Materie ist also auf solchen waben- oder flächenartigen Strukturen gesammelt. Innerhalb dieser Flächen sammelt sich dann die Materie durch die Schwerkraft entlang solcher linearer Strukturen, auch Filamente genannt. Und entlang dieser Filamente fließt dann die Materie zu den Klumpen oder Knoten der Verteilung, die dann die sehr dichten und schweren Objekte bildet, also die Galaxien und innerhalb der Galaxien Sterne."

Tatsächlich – der Musterwürfel des Universums formt in 800 Zeitschritten aus dem diffusen Urknallgemisch ein Gespinst aus Fäden und Flächen (Abbildungen unten). Diese netz- oder schaumartige Struktur deckt sich verblüffend mit den Beobachtungsdaten der Galaxiensurveys (Abbildung Seite 128). Fast muss man sich zwingen, die Maßstäbe zurechtzurücken: Was da in den Computern abläuft, sind keine fantasievollen Animationen tollkühner Programmierer – es ist das erstaunlich detailgetreue Nachspiel unserer eigenen Vergangenheit.

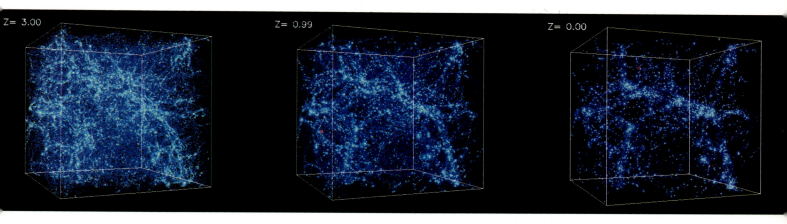

Was brachte das Universum aus dem Gleichgewicht?

Um das Modell weiter zu verfeinern, suchen Volker Müller und sein Team stets nach Möglichkeiten, die Vorhersagen der Theorie mit Beobachtungsdaten zu überprüfen – und umgekehrt, neue Daten in das Modell einfließen zu lassen:

„Also wir testen unser Konzept, wie im sich ausdehnenden Universum die Schwerkraft die Strukturen modelliert. Der zweite Test ist: Stimmt das, was wir reingesteckt haben über die Zusammensetzung der Materie im Kosmos? Stimmt es, dass wir über 90 Prozent der Materie nicht sehen? Und das Wichtigste: Wie spiegelt das, was wir in großen Struk-

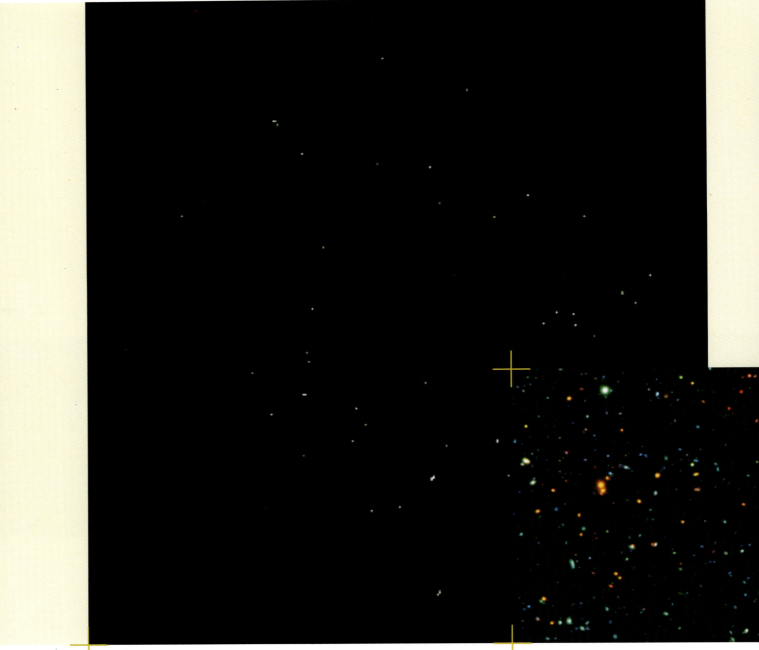

Ein Deep Field ähnlich der Abbildung rechts – im Röntgenbereich sind aber nur ein paar Dutzend Quellen auszumachen, vor allem Quasare am Rande des Kosmos.

Das Chandra Deep Field im VLT – Tausende von Galaxien tummeln sich auf dieser Aufnahme. Besonderes Aufsehen erregt der rote und damit schon recht alte Galaxienhaufen (acht Milliarden Lichtjahre entfernt) rechts oben im Blickfeld. Der Röntgensatellit Chandra soll demnächst dieses Deep Field ausgiebig beobachten.

turen sehen, das wider, was der Kosmos in der Nähe des Urknalls in die Entwicklung hineingesteckt hat? Alle Strukturbildung funktioniert bloß dann, wenn wir mehr hineinstecken, als in der gegenwärtigen Standardphysik gefordert wird. Wir müssen davon ausgehen, dass in der Nähe des Urknalls die Physik ganz anders abgelaufen ist und dass sich deren Charakteristika in den großräumigen Strukturen widerspiegeln."

Aus den beobachteten minimalen Dichteschwankungen in der Hintergrundstrahlung bilden sich zwar mit Hilfe der Schwerkraft und viel Dunkler Materie die heutigen Strukturen. Aber das Dilemma der Kosmologen ist, dass sich bis heute nicht schlüssig erklären lässt, wie diese Schwankungen beim Urknall und kurz danach entstanden sind. Daran beißt sich die heute bekannte Physik die Zähne aus. Dabei verdanken wir diesen winzigen Dichteschwankungen unsere Existenz; denn wäre die Materie im Kosmos perfekt gleichmäßig aus dem Urknall herausgekommen, dann gäbe es heute keine Galaxien, keine Sterne, keine Planeten – keine Menschen.

Brückenschlag zurück zum Urknall

Was da an geheimnisvollen Phänomenen in den allerersten Sekunden des Kosmos abgelaufen ist, muss sich zwangsläufig irgendwie auch in den großen Strukturen widerspiegeln. Genau aus diesem Grund jagen die Astronomen so sehr den großräumigen Strukturen nach und setzen in den Sloan-Survey so große Erwartungen.

Es dauert nicht mehr lange, dann ist ein Bereich von mehr als zwei Milliarden Lichtjahren Ausdehnung präzise vermessen – ein Gebiet, das deutlich größer ist als die Potsdamer Simulationsboxen. In diesem Volumen werden sich Hunderte der großen Leerräume befinden, die schaumartige Struktur des Kosmos wird sich in grandioser Detailfülle offenbaren. Der vom Sloan-Survey erfasste Bereich im Kosmos ist so groß, dass sich dort sichtbare Strukturen unmittelbar mit den beobachteten Schwankungen der Mikrowellenhintergrundstrahlung vergleichen lassen. So wird der Sloan-Survey zu einem wichtigen Brückenschlag vom heutigen Kosmos zurück in Richtung Urknall.

ISAAC, die Infrared Spectrometer and Array Camera, ist das Infrarot-Instrument am VLT. Viele Abbildungen in diesem Buch sind mit ISAAC aufgenommen, so auch das Chandra Deep Field.

Die in Potsdam und anderswo gerechneten Weltmodelle werden dann schlagartig unvorstellbar bessere Ausgangsdaten bekommen, die klären könnten, wie es den einzelnen Galaxien ergangen ist, als sich die großen Strukturen gebildet und entwickelt haben. Besteht ein Zusammenhang zwischen der Bildung der großräumigen Struktur und der Entstehung und Entwicklung von Galaxien?

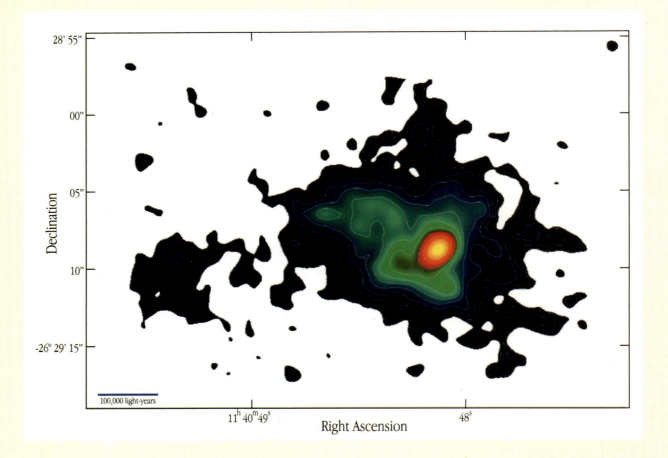

Die zehn Milliarden Lichtjahre entfernte Radiogalaxie 1138-262 sitzt in einer riesigen Wasserstoffwolke. Der Bildausschnitt hat am Ort der Galaxie eine Kantenlänge von 910 000 mal 650 000 Lichtjahren (siehe Maßstab unten links). 1138-262 ist vermutlich gerade aus einer Vielzahl kleinerer Galaxien entstanden. (VLT)

Die Beobachtungen der letzten Zeit zeigen, dass die Entstehung von Galaxien wohl sehr viel komplexer ist, als das recht rudimentäre Bild, das sich die Astronomen mangels besserer Daten bisher davon gemacht haben. Die Deep Fields zeigen Objekte über einen Zeitraum von mehr als zehn Milliarden Jahren. Auch wenn sich natürlich niemals die Entwicklung einer einzelnen Galaxie verfolgen lässt, so läuft doch auf jeder dieser Aufnahmen die Galaxienentwicklung wie im Zeitraffer ab – je nachdem, welche Entfernung sich die Astronomen heraussuchen, also welche „Sedimentschicht" sie in ihrem Bohrkern durch Raum und Zeit betrachten.

Mit dem VLT hat die ESO nun ein Instrument zur Verfügung, das tiefe Infrarotaufnahmen mit relativ großem Blickfeld gewinnen kann. Das ambitionierte ISAAC-Instrument (Infrared Spectrometer and Array Camera) an einem der VLT-Teleskope beobachtet immerhin etwa ein Zehntel der Vollmondfläche und zeigt damit zwanzig Mal mehr als das

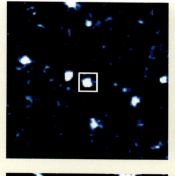
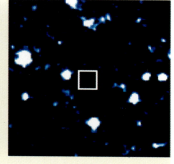

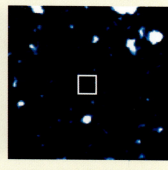

In der nahen Umgebung von 1138-262 gibt es große Objekte, die in speziellen Filtern, die vor allem Wasserstoffgas zeigen, auffallend hell leuchten (links), aber im Licht normaler Sterne nicht zu sehen sind (rechts). Vermutlich bilden sich in den riesigen Wasserstoffwolken gerade erst Sterne. Haben die Astronomen im erst fünf Milliarden Jahre alten Universum einen gerade entstehenden Galaxienhaufen erwischt? (VLT)

Hubble Deep Field. Kombiniert mit Daten des NTT auf La Silla erhielten die Astronomen einen völlig überraschenden Blick ins All (Seite 142).

Wann ging dem Kosmos ein Licht auf?

Etwas links der Mitte fällt ein sehr großflächiger Haufen gelber Galaxien auf – dieser Haufen wäre wegen des viel kleineren Blickfelds bisheriger Teleskope mit herkömmlicher Technik gar nicht als solcher zu erkennen gewesen. Die Galaxien dieses Haufens sind etwa sieben bis acht Milliarden Lichtjahre entfernt. Die Ansammlung auffallend rötlicher Galaxien rechts oben (auch sie ist viel zu großflächig, um zum Beispiel mit Aufnahmen wie dem Hubble Deep Field beobachtet zu werden) ist dagegen etwa zehn bis elf Milliarden Lichtjahre entfernt. Diese Galaxien sehen wir also in einem Zustand, als das Universum etwa vier Milliarden Jahre alt war – und jetzt haben die Astronomen ein Problem.

Denn die Galaxien sind stark rötlich, fallen praktisch nur noch bei den Aufnahmen im Infraroten auf. Junge Galaxien sollten viele heiße, blaue Sterne haben – die sind in diesen Galaxien ganz offenbar schon als Supernovae verpufft. Die Fachleute sprechen von „entwickelten" Galaxien, in denen nur noch vorwiegend alte Sterne brennen, die schon ein paar Milliarden Jahre auf dem Buckel haben und eher im rötlichen Licht leuchten. Die Rötung wird zudem durch die Ausdehnung des Alls verstärkt – Sterne, die in dieser Entfernung ihre Strahlung eigentlich im roten sichtbaren Licht abgeben, sind für uns nur noch im Infraroten zu sehen. Mit anderen Worten: Die roten Kleckse rechts oben im infraroten Deep Field zeigen, dass es im erst vier Milliarden Jahre alten Weltall schon „alte" Galaxien gegeben hat.

Bisher dachten die Astronomen, es würde einige Milliarden Jahre dauern, bis die Galaxien richtig aufflammen. Offenbar hatte es der Kosmos nach dem Urknall sehr viel eiliger. Damit gerät eine andere fundamentale Vorstellung ganz gehörig ins Wanken. Bisher gingen die Forscher davon aus, dass sich die meisten Sterne im Universum erst gebildet haben, als das All etwa die Hälfte seines heutigen Alters erreicht hatte. Salopp gesagt: 80 Prozent der Sterne sollten erst in der zweiten Halbzeit auf das Spielfeld gekommen sein – und nur 20 Prozent schon in den ersten sieben Milliarden Jahren.

Mit den Infrarot-Deep-Fields gehen die Astronomen nun mit Hochdruck der Frage nach, ob nicht schon früher viel mehr Sterne entstanden sind, die einfach nur den bisherigen Beobachtungen wegen ihrer bereits erfolgten starken Rötung entgangen sind. Das wird spannend und könnte – wieder einmal – einer lieb gewonnenen Modellvorstellung den Garaus machen. Nicht dass die Astronomen persönlich etwas gegen alte Galaxien im vier Milliarden Jahre jungen Kosmos hätten – es gibt nur noch keine schlüssige Theorie, wie sich Sterne und Galaxien so schnell aus der kosmischen Ursuppe bilden konnten.

Schwarze Löcher in jeder Galaxie?

Das von ISAAC und SUSI (dem Instrument am NTT) beobachtete Feld (Abbildung Seite 142) ist das so genannte Chandra Deep Field, weil der US-Röntgensatellit Chandra hier nach Röntgenstrahlung aus der Frühzeit des Kosmos spähen soll. Dass in der Frühzeit des Kosmos schon jede Menge Röntgenstrahlung durch das Weltall zog, hat vor einigen Jahren der deutsche Röntgensatellit ROSAT gezeigt.

ROSAT hat das kosmische Röntgenglimmen in eine Vielzahl von Strahlungsquellen aufgelöst. Wie sich herausstellte, sind die meisten Quellen Quasare. Die Schwarzen Löcher im Zentrum der Quasare saugen enorm viel Materie auf. Die Materie erhitzt sich dabei so stark, dass sie – gleichsam als Todesschrei – Röntgenstrahlung aussendet, bevor sie sich auf ewig ins Schwarze Loch verabschiedet. Quasare fallen deshalb im Röntgenlicht besonders auf – aber die Menge der Quasare hat Günther Hasinger vom Astrophysikalischen Institut in Potsdam dann doch sehr überrascht:

„Bei hohen Rotverschiebungen – also in großen Entfernungen – gibt es 1000-mal mehr Quasare und aktive Galaxien als heute. Das lässt nur den Schluss zu, dass damals fast jede Galaxie ein Quasar gewesen sein muss oder eine aktive Galaxie. Das wiederum lädt zu dem Schluss ein, dass eigentlich jede Galaxie in ihrem Zentrum ein Schwarzes Loch haben sollte."

Das hat allerdings den Schönheitsfehler, dass die Astronomen bis heute keinen Schimmer davon haben, woher die vielen Schwarzen Löcher im frühen Kosmos kommen. Heutzutage entstehen Schwarze Löcher, wenn Sterne sehr viel schwerer als die Sonne am Ende ihres kurzen Lebens in

Im Zentrum der aktiven Galaxie NGC 4438 (50 Millionen Lichtjahre entfernt) sitzt ein supermassives Schwarzes Loch, das Material aus der hell leuchtenden Akkretionsscheibe verschlingt. Dabei „spuckt" es senkrecht nach oben und unten Gasmassen aus. Die rötliche Gasblase hat einen Durchmesser von etwa 800 Lichtjahren. (HST)

Galaktische Silhouetten – auf die Spiralgalaxie NGC 3314a (im Vordergrund) blicken wir fast senkrecht von oben, NGC 3314b erscheint unter flacherem Winkel. Dank des glücklichen Zufalls zeichnet sich der dunkle Staub in den Spiralarmen der Vordergrundgalaxie wunderbar von der hellen Hintergrundgalaxie ab. Entfernung: 117 bzw. 140 Millionen Lichtjahre. (HST)

einer Supernova explodieren – und haben im Höchstfall etwa ein Dutzend Sonnenmassen. So können die extrem massereichen Schwarzen Löcher in den Quasaren aber kaum entstanden sein – sie haben viele Millionen Mal mehr Masse als die Sonne.

Hasinger dazu: „Die maximale Aktivität der Quasare war also wesentlich früher als die Phase der Hauptaktivität der Sterne. Daraus kann man schließen, dass die Schwarzen Löcher – im Mittel – zuerst da gewesen sein müssen, bevor die Masse der Sterne entstanden ist. Das ist nach wie vor ein großes Rätsel, um das sich die Theoretiker jetzt wieder intensiv bemühen. Wie können supermassive Schwarze Löcher am Anfang des Universums entstehen?"

Wieder kommt die geheimnisvolle Hintergrundstrahlung ins Spiel, die notgedrungen das letzte Ziel aller optischen Beobachtungen ist: Denn in den ersten 300 000 Jahren war das Weltall noch undurchsichtig. Lichtstrahlen kamen nie sehr weit, da sich Licht und „normale" Materie gegenseitig beeinflussten. So ist die Hintergrundstrahlung die ultimative Kulisse, vor der sich alles Sichtbare im Universum abspielt. Gnadenlos schirmt sie neugierige Blicke auf die unmittelbare Nähe des Urknalls ab.

Hat die Dunkle Materie das Skelett des Kosmos gezimmert?

Es gibt Spekulationen, dass unmittelbar nach der so genannten „Entkopplung" von Strahlung und Materie, als das Universum schlagartig durchsichtig wurde, an manchen Stellen des Kosmos Materie in sich zusammengestürzt ist. Die ersten Gasmassen, die dort kollabierten, könnten sich direkt in Schwarze Löcher verwandelt haben. Sind die Schwarzen Löcher eine Art kosmischer Keimzellen, um die sich dann die Galaxien gebildet haben? Wie konnten sich die Schwarzen Löcher so schnell bilden – und welche Rolle spielten sie für die Ausbildung der großräumigen Struktur?

Entscheidend ist und bleibt die mysteriöse Dunkle Materie, ohne die der Kosmos viel zu leicht wäre. Galaxien und Sterne wären – wenn überhaupt – viel, viel später entstanden. Was genau ist mit der Dunklen Materie in den ersten 300 000 Jahren passiert, als das Universum noch undurchsichtig war? Damals hielten sich Licht und „normale" Materie noch gegenseitig in Schach. Da sich aber Dunkle Materie und Licht nicht gegenseitig beeinflussen, hatte die Dunkle Materie gewissermaßen einen Vorsprung von 300 000 Jahren gegenüber der „normalen" Materie. Hatte also die Dunkle Materie schon so etwas wie ein Urgerüst des Kosmos zusammen gezimmert, als auch die „normale" Materie endlich frei war?

Weißt du, wie viel Häuflein stehen?

Selbst bei der Zukunft des Universums hat die Dunkle Materie ein gehöriges Wort mitzureden. Denn ob das All auf ewig auseinanderfliegt oder ob es eines Tages wieder in sich zusammenstürzt, das

EIS0046-2930 zählt zu den entferntesten bekannten Galaxienhaufen (ca. 5 Milliarden Lichtjahre). Die gelborangen Galaxien gehören zum Haufen – die blauen Galaxien sind Objekte im Vordergrund. VLT-Beobachtungen so entfernter Galaxienhaufen werden eine wichtige Rolle bei der Bestimmung der grundlegenden kosmologischen Parameter (z. B. Dichte des Universums) spielen.

entscheidet die Dichte des Universums, also wie dicht die anziehend wirkende Materie im Kosmos gepackt ist. Der magische Grenzwert ist die so genannte „kritische" Dichte, bei der das Universum genau zwischen ewiger Expansion und künftigem Kollaps balanciert.

Um auf die Dichte des Universums zu schließen, nutzt die berühmte Kosmologin Neta Bahcall von der Universität von Princeton eine wunderbare Verbindung von Beobachtung und Computersimulation: „Das Tolle ist, dass man sich einfach nur die Entwicklung der Haufen ansehen muss. Wie viele Galaxienhaufen gibt es heute, wie viele gab es zu früheren Zeiten? Aus den Modellrechnungen ist bekannt, dass ein Universum kritischer Dichte mit der Zeit eine starke Zunahme der Galaxienhaufen zeigen müsste. Dagegen findet in einem Universum geringer Dichte die Bildung der Haufen sehr früh statt und dann friert die Situation praktisch ein. Also: Bei einer hohen Dichte müssten wir zu früheren Zeiten, entsprechend in großer Entfernung, etwa 100-mal weniger Haufen sehen – das ist aber nicht der Fall: Wir sehen fast so viele Haufen wie heute!"

Das Auszählen der Galaxienhaufen einst und jetzt passt also am besten zu einem Weltmodell, das deutlich unter der kritischen Dichte liegt – mithin zu einem offenen, ewig expandierenden Weltall. Die Forscher kommen nur etwa auf ein Viertel der Materie, die nötig wäre, unseren Kosmos wieder in sich zusammenstürzen zu lassen. Dummerweise fordert nun aber die bisherige „Lieblingstheorie" der Kosmologen, die die anfänglichen Dichteschwankungen und die daraus resultierende Strukturbildung ganz leidlich erklärt, ein exakt kritisches Universum. Offensichtlich fehlt den Astronomen noch mindestens ein ganz grundlegendes Phänomen, irgend ein ganz wichtiger Mosaikstein, der alle Daten zusammenführt. Neue Daten braucht das All.

Ein gelinster Quasar (Pfeil) mitten im Galaxienhaufen MS 1008. Der Quasar befindet sich in etwa 13 Milliarden Lichtjahren Entfernung. Als sich sein Licht zu uns auf die Reise gemacht hat, hatte das Universum nur gut 10 Prozent seines heutigen Alters. Das VLT hat diese Aufnahme fünfeinhalb Stunden lang belichtet.

Erst die Messung – und dann …?
Aufbruch zu kosmischen Entdeckungsfahrten

Majestätische Begegnung in 115 Millionen Lichtjahren Entfernung. Langfristig werden die beiden Galaxien NGC 2207 und IC 2163 zu einer Riesengalaxie verschmelzen.

Die Astronomie erlebt derzeit zweifellos ihre aufregendste Phase seit vielen Jahrzehnten – die älteste Wissenschaft der Welt erscheint so jung und dynamisch wie selten zuvor. An den besten Standorten der Erde sprießen immer größere und bessere Teleskope wie Pilze aus dem Boden. Ein unglaublicher Teleskop-Boom überrollt förmlich die Astronomen. Das legendäre 5-Meter-Teleskop am Mount Palomar war seit seiner Inbetriebnahme 1948 für fast dreißig Jahre das weltweit größte Instrument; erst 1976 wurde es vom russischen 6-Meter-Selentschuk-Teleskop im nördlichen Kaukasus überflügelt. Mitte der neunziger Jahre begann dann eine wahre Teleskop-Inflation: 1996 das erste 10-Meter-

Keck-Teleskop auf Hawaii (der Spiegel besteht allerdings nicht aus einem Stück, sondern aus 36 Einzelteilen), 1998 das erste 8,2-Meter-VLT, dem drei weitere folgen, 1999 das japanische Subaru auf Hawaii, etc. Mount Palomar in Kalifornien, das fast ein halbes Jahrhundert zu den beiden größten Teleskopen der Welt gehört hat, wird im Jahr 2003 nur noch an 16. Stelle stehen und ein „kleines" Teleskop an einem mäßigen Standort sein. Nie zuvor stand den Astronomen so viel Spiegelfläche zur Verfügung, um das Licht aus den Tiefen des Kosmos in ihre Messgeräte zu lenken.

Immer mehr Teleskope – aber was passiert mit den Daten?

Bei aller Euphorie über die neuen Instrumente sollte niemand vergessen, dass – bei allem technischen Fortschritt – letztlich professionelle Astronomen, also (bezahlte) Menschen, mit den Daten arbeiten müssen. Die Teleskope werden ihre oftmals sehr kleinen Teams schon bald mit Daten überschütten. Ein Spektrum höchster Qualität aufzunehmen, dauert an den Spitzeninstrumenten heute vielleicht drei oder vier Stunden. Sämtliche Information aus so einem Spektrum herauszuholen, bedarf der Arbeit vieler Monate. Wer soll, wer kann diesen Aufwand in Zukunft leisten? Wie soll das gehen, wenn künftig pro Jahr Tausende von Spektren und eine Unmenge anderer Daten bester Qualität auf den Tisch kommen? Die weltweite Phalanx der Teleskope rüstet sich für die Daten-Schlacht im All – aber kaum einer bedenkt, wie die wissenschaftlichen Fußtruppen die Daten nutzen sollen.

Ein Ausweg wird die mehr oder weniger automatische Auswertung vieler Daten sein – ein automatisches Verfahren kann aber stets nur das finden, worauf es achten soll. Völlig neue Dinge, gänzlich unerwartete Zusammenhänge können schnell auf der Strecke bleiben. Wer weiß, wie viel grandiose neue Wissenschaft derzeit schon schlicht übersehen wird oder in Daten schlummert, die längst aufgenommen, aber noch immer nicht ausgewertet sind. Auch bei Raumfahrtprogrammen ist nur zu oft zu beobachten, dass mit dem Abschalten des Satelliten auch der Geldhahn zugedreht wird – obwohl die korrekte Datenanalyse noch viele Jahre bräuchte.

Stiften Sie kein Teleskop!

Die Sorge der Astronomen ist also nicht so sehr, dass sie nichts Neues mehr im Kosmos sehen könnten – nur, wer soll das viele Neue in

+ Der gut vier Milliarden Lichtjahre entfernte Galaxienhaufen ES0657-55 ist eine sehr heiße Röntgenquelle, was auf eine große Masse deutet. Vom gelinsten Lichtbogen rechts hat das VLT ein Spektrum aufgenommen – das Licht stammt von einer Galaxie, die gerade im zwei Milliarden Jahre alten Kosmos entsteht.

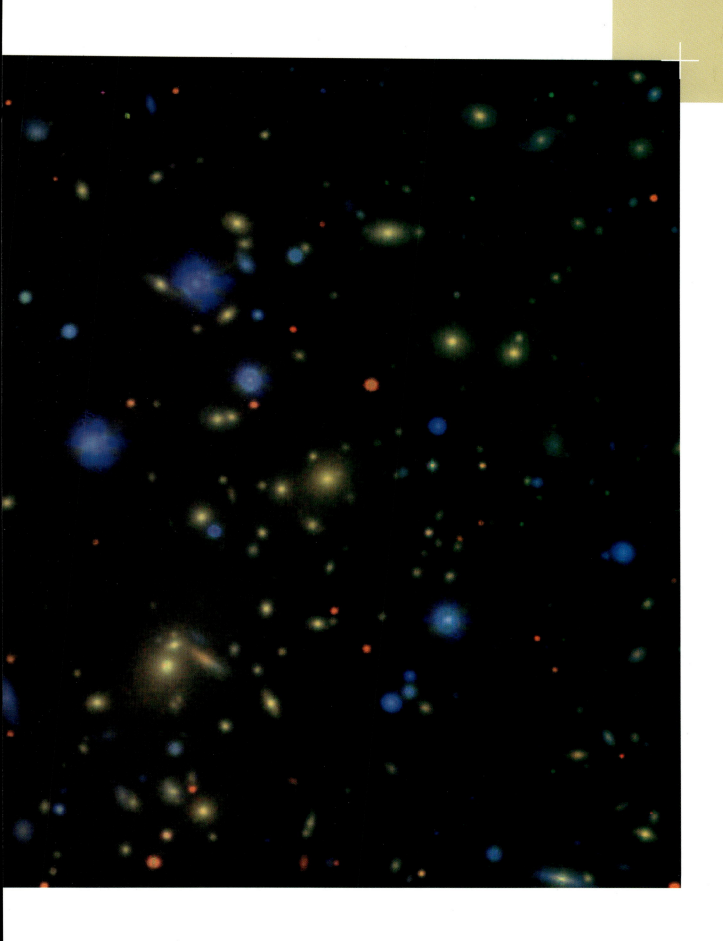

angemessener Weise verarbeiten? Es gibt generöse Stifter, die mal eben eine wahrlich astronomische Summe für Spitzenteleskope springen lassen, die dann ihren Namen tragen. Natürlich eine tolle Sache. Sollten Sie, liebe an Astronomie interessierte Leser, aber Ähnliches im Sinn haben, so stiften sie doch mal *kein* Teleskop – sondern ein paar Astronomenstellen, eine Professur, eine Arbeitsgruppe oder ein kleines Institut. Das mag nicht ganz so spektakulär sein, dient der Wissenschaft aber mindestens genau so sehr wie ein neues Großinstrument.

Zu beobachten, auszuwerten und nachzudenken gibt es für die Astronomen mehr als genug. Die Teleskope liefern Daten, die vor zwanzig Jahren niemand für möglich gehalten hätte. Die Forscher verfolgen heute im Kosmos Phänomene, die noch vor wenigen Jahren als unbeobachtbar galten. Die Kosmologie – lange Zeit als eine Art Theologie-Ersatz bespöttelt, da sie nur mit dem „lieben Gott", nicht aber mit echten Daten zu tun hatte – guckt heute einfach nach, wie es früher im Kosmos war. Schon zeichnet sich ab, dass da manch ganz fundamentales Phänomen offenbar noch unbekannt ist. Heutige Modelle fügen oftmals die Beobachtungsbefunde nicht schlüssig zusammen – ein paar ganz wichtige Puzzleteile fehlen noch. Das Verwerfen von Modellen ist übrigens keineswegs ein Rückschritt – auch wenn es angesichts mangelnder neuer Theorien vielleicht auf den ersten Blick so aussehen mag. Denn natürlich ist es besser, keine Erklärung zu haben, als eine falsche.

Wie einst Columbus und Magellan

Wo wird die Astronomie in zehn oder zwanzig Jahren stehen? Was werden wir über die Planeten anderer Sterne wissen? Was darüber, wie wir selbst mit Sonne und Planeten entstanden sind? Wie verteilt sich die Materie in unserem Kosmos? Wie viel davon ist wirklich dunkel? Welche Strukturen haben sich wann und wie im Kosmos gebildet? Gibt es eine Theorie, die all diese Phänomene wirklich schlüssig unter einen Hut zu bringen vermag? Ganz fundamentale Fragen, auf die die Astronomen von ihren ehrgeizigen Beobachtungsprojekten schon bald recht konkrete Antworten erwarten.

Droht jetzt am Horizont schon die kosmische Langeweile? Na, wie wir wissen, ist unser Kosmos seit dem Urknall ständig in Bewegung – und das gilt sicher auch für die Wissenschaft über ihn. „Ewige" Wahrheiten gibt es gerade in der Astronomie nicht – und vor zweieinhalb Jahrtausenden hielten die Gelehrten die zentrale Erde mit ihren vielen Kristallsphären sicher auch schon für recht schlüssig. Wie wird es da den heutigen Weltmodellen ergehen?

Das am weitesten entfernte bisher beobachtete Objekt im Universum. Am 13. April 2000 veröffentlichte das Sloan-Team seinen Rekord-Quasar, der fast 14 Mrd. Lichtjahre entfernt ist. Als sich das Licht des Quasars zu uns auf die Reise gemacht hat, war das Universum kaum eine Milliarde Jahre alt. Schon die tiefrote Farbe deutet eine große Entfernung an – aber erst das 10-Meter-Keck-Teleskop hat die Entfernung genau bestimmt (die Fachleute sprechen von einer Rotverschiebung $z=5{,}82$). Auch dieser Rekord wird nicht lange halten. Die Blicke der Astronomen reichen räumlich immer tiefer hinaus ins Universum – und damit zeitlich immer weiter zurück in Richtung Urknall.

Die Fülle der neuen Instrumente wird ganz neue Objekte, ganz neue Phänomene offenbaren – damit aber auch ganz neue Fragen aufwerfen. Das war, bemerkt Amos Yahil, Astronom an der Universität von Stony Brook nahe New York, bei technologischen Sprüngen bisher immer so. Und so bekommt er bei der Frage nach der Zukunft seines Fachgebiets glänzende Augen:

„Astronomie und Mikrobiologie sind heute doch die faszinierendsten Wissenschaftszweige. Man baut nicht einfach große Laboratorien, um das zu messen, was man ohnehin schon fast weiß – so ist das ja zurzeit in vielen Bereichen der Physik und Chemie. Wir entdecken Dinge, von denen man niemals geträumt hat."

„I like to say, that astronomy today is very much like geography was at the 15th and 16th centuries. You discover new worlds that you didn't know about – so I am quite happy, where I am."

„Ich sage gerne, Astronomie ist heute etwa so wie Geografie im 15. und 16. Jahrhundert. Du entdeckst völlig unbekannte neue Welten – also, ich bin sehr froh, jetzt dabei zu sein!"

Quellen

Die im Text zitierten Äußerungen von Wissenschaftlern stammen aus Interviews, die der Autor für Sendungen des Deutschlandfunks geführt hat. Der Autor dankt allen Beteiligten – auch den hier nicht namentlich genannten – ganz herzlich für ihre freundliche und geduldige Unterstützung.

Die Forschungsergebnisse, von denen in vorliegenden Buch die Rede ist, sind zum größten Teil in Fachzeitschriften wie Nature, Science, Astronomical Journal und Astrophysical Journal publiziert.

Weitere Informationen zu den einzelnen Forschungsgebieten finden sich unter folgenden Internet-Adressen (stets mit weiteren Links zu thematisch ähnlichen Stellen):

Europäische Südsternwarte, ESO – www.eso.org
Hubble-Weltraumteleskop – hubble.stsci.edu
BeppoSAX / Gamma Ray Bursts – www.sdc.asi.it und wfc.sron.nl
Sloan Digital Sky Survey – www.sdss.org
Röntgensatellit Chandra – chandra.harvard.edu
Röntgensatellit XMM-Newton – sci.esa.int/home/xmm-newton/
Astrophysikalisches Institut Potsdam – www.aip.de
Gravitationslinsen – hydra.astro.physik.uni-potsdam.de/~jkw

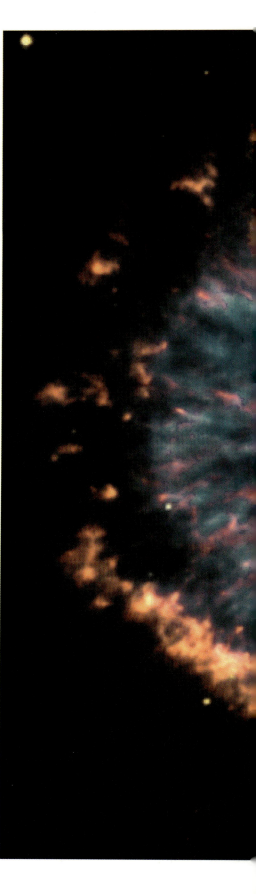

Himmlisches Auge oder kosmische Pusteblume? Sowohl als auch. Im „glühenden Auge" (dem Planetarischen Nebel NGC 6751 – Durchmesser ca. 0,8 Lichtjahre) bläst ein verlöschender Stern (noch sichtbar als Weißer Zwerg im Zentrum) seine äußeren Gasschichten zurück in den Weltraum – Rohstoff für die nächste Generation von Sternen und Planeten ... (HST)

Glossar

(kursive Begriffe → siehe eigene Erklärung im Glossar)

Adaptive Optik
Ein technisch sehr aufwändiges Verfahren, das die durch die Luftunruhe entstehende Unschärfe im Bild eines Himmelsobjekts korrigiert. Dabei wird ein kurz vor dem Brennpunkt des Teleskops angebrachter, sehr leicht biegsamer Spiegel bis zu 100-mal pro Sekunde in die optimale Form gebracht. Nicht zu verwechseln mit *aktiver Optik*.

Akkretionsscheibe
Scheibe aus *Gas* und *Staub*, die ein massives zentrales Objekt (z.B. einen *Stern* oder ein *Schwarzes Loch*) umgibt, das mit seiner Anziehungskraft Materie aus der Scheibe aufsaugt.

Aktive Galaxien
Sammelbegriff für verschiedene Typen von *Galaxien*, bei denen im Zentrum ein sehr kleines Gebiet sehr viel Energie freisetzt und die oft ausgeprägte Helligkeitsveränderungen innerhalb von Stunden oder Tagen zeigen. Die genauen Prozesse sind noch unklar, doch spricht alles für ein im Zentrum sitzendes *Schwarzes Loch*, das *Gas*, *Staub* und *Sterne* aus der Umgebung verschlingt.

Aktive Optik
Der „dünne" und somit nicht völlig starre Hauptspiegel eines Teleskops wird durch unter dem Spiegel montierte „Stempel" (so genannte Aktuatoren) ständig in die optimale Form gebracht, um Verformungen in Folge des Eigengewichts oder auftretender Temperaturschwankungen auszugleichen. Die nur 17 Zentimeterm dünnen 8,2-Meter-Spiegel des VLT liegen je auf 150 Aktuatoren. Nicht zu verwechseln mit *adaptiver Optik*.

Atom
Kleinster stabiler Körper eines Elements. Das Atom besteht aus dem positiv geladenen Kern, in dem fast die gesamte Masse konzentriert ist, und den negativ geladenen *Elektronen*.

Baryonische Materie
Materie aus schweren Elementarteilchen, zu denen auch die Kernbausteine (Protonen und Neutronen) gehören.

BeppoSAX
Italienisch-niederländischer Satellit, der seit 1996 die Erde umkreist und den Himmel im Bereich der *Röntgen-* und *Gammastrahlung* erforscht. BeppoSAX hat als Erster präzise Positionen von *Gamma Ray Bursts* bestimmt und somit deren Erforschung auch in anderen Spektralbereichen ermöglicht.

Brauner Zwerg
Bindeglied zwischen *Planeten* und *Sternen*. Braune Zwerge bestehen – wie „richtige" Sterne – überwiegend aus *Wasserstoff* und Helium, haben aber nicht genügend Masse, um im Zentrum die Kernfusion zu zünden.

Cepheiden
Sterne, die regelmäßig ihre Helligkeit verändern, weil sie sich in einer instabilen Phase befinden und daher pulsieren. Prototyp dieser Klasse ist Delta Cephei (siehe *Perioden-Leuchtkraft-Beziehung*).

Deep Field
Sehr lang – oft viele Stunden oder sogar Tage – belichtete Himmelsaufnahme, die sehr tief in das All vordringt und die schwächsten beobachteten *Galaxien* und *Quasare* zeigt. Ein berühmtes Beispiel ist das Hubble Deep Field.

Dichte
Einheit: g/cm³; physikalische Größe, die angibt, wie dicht die Materie in einem Körper oder in einem Volumen gepackt ist.

Doppelstern
Zwei dicht beieinander stehende *Sterne*, die sich umeinander bewegen. Mehr als die Hälfte aller Sterne befinden sich in einem Doppel- oder Mehrfachsystem.

Dunkle Materie
Unsichtbare Komponente des Weltalls, die nur durch ihre Anziehungskraft (*Gravitation*) mit der sichtbaren Materie wechselwirkt. Eine mögliche Erklärung sind exotische Elementarteilchen.

Elektromagnetische Strahlung
Ausbreitung von Energie im Kosmos durch Wellen unterschiedlicher Wellenlänge (und damit unterschiedlicher Energie). Zur elektromagnetischen Strahlung gehört die *Gamma-* (Wellenlängen unter 0,01 Nanometern), *Röntgen-* (0,01 nm–10 nm) und die Ultraviolettstrahlung (10 nm–400 nm), das sichtbare Licht (400 nm–700 nm), die *Infrarot-* (700 nm–1 mm), Mikrowellen- (1 mm–0,3 m) und die Radiostrahlung (über 0,3 m). Zum Teil sind noch feinere Unterscheidungen üblich.

Elektron
Elementarteilchen; Elektronen sind die negativen Bestandteile eines *Atoms*.

ESO
European Southern Observatory – Europäische Südsternwarte; ein Verbund aus acht europäischen Ländern (Belgien, Dänemark, Deutschland, Frankreich, Italien, Niederlande, Schweden und der Schweiz – demnächst auch Portugal) und Chile, der in den chilenischen Anden die Großsternwarten *La Silla* und *Paranal* betreibt. Das ESO-Hauptquartier ist in Garching bei München.

Extrasolare Planeten
Planeten, die um fremde Sonnen laufen

Fluchtgeschwindigkeit
Geschwindigkeit, mit der sich sehr weit entfernte *Galaxien* in Folge der allgemeinen Expansion des Universums von uns fort bewegen.

Galaxien
Gewaltige Sternsysteme, die im All in vielen Formen und Größen auftreten. Galaxien enthalten zwischen einigen Millionen und über einer Billion *Sterne*. Oft gibt es in Galaxien zudem viel *Gas* und *Staub*. Große Galaxien haben meist eine regelmäßige Struktur und sind abgeflachte Spiralscheiben oder elliptisch geformt. Das *Milchstraßensystem* ist eine Spiralgalaxie von über 100 000 *Lichtjahren* Durchmesser und enthält mehr als 100 Milliarden Sterne.

Galaxienhaufen
Zusammenballung von etlichen Dutzend bis zu vielen tausend Galaxien. Zu den bekanntesten Galaxienhaufen gehört der Virgo-Haufen, zu dessen Randgebiet auch die Lokale Gruppe mit dem *Milchstraßensystem* gehört.

Gamma Ray Burst (GRB)
Ein Objekt, das völlig unvorhersehbar für einige Sekunden bis maximal wenige Minuten im Gammastrahlenbereich extrem hell aufleuchtet und danach wieder verlöscht. GRBs gehörten fast 30 Jahre lang zu den größten Rätseln der Astronomie, da über sie praktisch nichts bekannt war – nicht einmal ihre genaue Position am Himmel. Erst *BeppoSAX* machte den entscheidenden Schritt nach vorn.

Gammastrahlung
Energiereichste elektromagnetische Strahlung mit Wellenlängen unter etwa 0,1 Nanometern (ein Nanometer = ein Millionstel Millimeter). Da die Gammastrahlung in der oberen Atmosphäre absorbiert wird, ist die Gamma-Astronomie auf Satellitenteleskope angewiesen. Zu den bekanntesten Gamma-Quellen im Kosmos gehören *Gamma Ray Bursts*, *Pulsare* und *Quasare*.

Gas
Sehr leichtes Material im Weltraum – meistens *Wasserstoff* und Helium (in Spuren auch Kohlenstoff, Stickstoff, Sauerstoff u.a.). In Gaswolken spielen auch Moleküle wie z.B. Wasser und Kohlenmonoxid eine wichtige Rolle (vor allem für die *Radioastronomie*).

Globule
Sehr dichte und kompakte *Gas-* und *Staub*wolke, aus der in einigen 100 000 bis Millionen Jahren neue *Sterne* entstehen.

Gravitation
Schwerkraft; Grundeigenschaft der Materie, sich gegenseitig anzuziehen. Die Gravitation ist im Universum die alles dominierende Kraft und hält z.B. die Erde auf ihrer Bahn um die Sonne.

Gravitationslinse
Eine *Galaxie* oder andere kompakte Massenansammlung, die genau auf der Sehlinie zu einem weit dahinter liegenden Objekt (einer Galaxie oder einem *Quasar*) liegt. Mit ihrer Schwerkraft (*Gravitation*) verändert sie die an ihr vorbeilaufenden Lichtstrahlen des entfernten Objekts so, dass wir mehrere Bilder desselben Objekts sehen und dass uns das Objekt verformt, teilweise auch vergrößert und heller erscheint.

Großräumige Struktur
Großräumige Anordnung (auf der Skala von Hunderten von Millionen *Lichtjahren*) von riesigen Gaswolken, *Galaxien* und *Galaxienhaufen* im Universum. Diese Objekte sind im All nicht völlig gleichmäßig verteilt, sondern bilden eine netzartige Struktur, die gewaltige Leerräume umgibt, in denen nur wenige Galaxien vorkommen.

Hintergrundstrahlung
Sehr schwache *Infrarotstrahlung*, die fast völlig gleichmäßig aus allen Richtungen des Kosmos zu uns gelangt. Die Hintergrundstrahlung ist der ausgekühlte Blitz des *Urknalls*.

Hubble-Konstante
Größe, die die *Fluchtgeschwindigkeit* und Entfernung eines weit entfernten Objekts (z.B. *Supernova, Gaswolke, Galaxie, Quasar*) verbindet. Sie gibt an, um wie viel die allgemeine Expansion des Kosmos pro Entfernungsintervall zunimmt. Der Wert dieser kosmologisch sehr wichtigen Größe ist noch immer umstritten. Die diskutierten Werte liegen etwa zwischen 60 und 80 Kilometern pro Sekunde pro 3,26 Millionen *Lichtjahre*.

Hubble-Weltraumteleskop
Ein Satellitenteleskop mit 2,4 m Spiegeldurchmesser, das in etwa 600 km Höhe um die Erde kreist und von der Luftunruhe ungestört das All im optischen und im ultravioletten Spektralbereich beobachtet. Das Weltraumteleskop ist unter US-amerikanischer Führung ein Gemeinschaftsprojekt von *NASA* und der europäischen Weltraumagentur ESA.

Infrarotstrahlung
Wärmestrahlung; Teil des elektromagnetischen Spektrums, der sich im langwelligen Bereich an das sichtbare Licht anschließt. Infrarot-Beobachtungen spielen vor allem bei staubreichen Objekten wie Kernen *aktiver Galaxien* oder bei der Entstehung von *Sternen* und *Planeten* eine große Rolle, da die Infrarostrahlung – im Gegensatz zum sichtbaren Licht – den *Staub* durchdringen kann. Beobachtungen sind auf sehr trockene und hoch gelegene Standorte auf der Erde oder auf Satelliten begrenzt, da der Wasserdampf der Atmosphäre die Infrarotstrahlung aus dem Kosmos absorbiert.

Interferometrie
Das technisch sehr aufwändige exakte Zusammenschalten mehrerer Teleskope, um deren Licht zu kombinieren und so das Auflösungsvermögen drastisch zu erhöhen. Sind die Teleskope 200 Meter voneinander entfernt (wie beim *Very Large Telescope Interferometer* der *ESO*), so entspricht das per Interferometrie zu erzielende Auflösungsvermögen dem, das ein – technisch natürlich unmögliches – Teleskop von 200 Meter Durchmesser hätte. Im Radiobereich werden Teleskope sogar über Kontinente hinweg zusammengeschaltet (Very Long Baseline Interferometry).

Interstellare Materie
dünn verteilte Materie (*Gas* und *Staub*) zwischen den Sternen

Jets
Stark gebündelte Abstrahlung von Materie und *Strahlung* z.B. senkrecht nach oben und unten aus dem Zentrum einer *Akkretionsscheibe* heraus. Die Prozesse, die zur Ausbildung von Jets führen, sind noch weitgehend unklar.

Kosmologie
Teildisziplin der Astrophysik, die sich mit dem Universum als Ganzem, mit seiner Entstehung, seinem Aufbau und seiner Entwicklung beschäftigt.

Kosmologische Konstante
Eine möglicherweise vorhandene zusätzliche Komponente des Universums, die rein mathematisch ein Term in den Gleichungen der Relativitätstheorie ist und physikalisch einer Art Materie mit abstoßendem Charakter entspricht. Sollte die Kosmologische Konstante tatsächlich existieren, so könnte das Universum älter sein als bisher angenommen und immer schneller expandieren.

Kugelsternhaufen
Kompakte kugelförmige Ansammlung von bis zu einer Million Sternen. Kugelsternhaufen gehören zu den ältesten Objekten im All und liegen – im Gegensatz zu den anderen Sternen – nicht in der Scheibe einer *Galaxie*, sondern bilden eine große kugelförmige Wolke um das Galaxienzentrum.

La Silla
ESO-Observatorium auf dem 2400 Meter hohen Berg La Silla in den chilenischen Anden 600 Kilometer nördlich von Santiago. Auf La Silla stehen 15 Teleskope; zu den herausragenden Instrumenten gehören das 3,6-Meter-Teleskop und das *New Technology Telescope* (NTT).

Leuchtkraft
Die tatsächlich von einem *Stern* pro Sekunde abgestrahlte Energiemenge. Die Leuchtkraft hängt von der Temperatur und der Größe der Oberfläche ab.

Licht
siehe *elektromagnetische Strahlung*

Lichtjahr
Die Strecke, die das Licht in einem Jahr zurücklegt; 1 LJ entspricht 9,46 Billionen km.

Magellansche Wolken
Die Große und die Kleine Magellansche Wolke sind kleine, irregulär geformte Begleitgalaxien der Milchstraße, die in einigen Milliarden Jahren mit der Milchstraße verschmelzen werden. Von der Südhalbkugel aus sind die Magellanschen Wolken mit bloßem Auge als größere Nebelflecken zu sehen.

Magnetfeld
Kraftfeld, das elektrische Ströme oder zeitlich veränderliche elektrische Felder hervorrufen. Im Sonnensystem haben Sonne, Erde und Jupiter die stärksten Felder. In *Galaxien* spielen großräumige Magnetfelder eine wichtige Rolle. *Neutronensterne* haben extrem starke Magnetfelder.

Magnitude
Abkürzung: ^{m}; auch Größe oder Größenklasse. Maß für die scheinbare *Helligkeit* eines Himmelsobjekts. Je kleiner der Wert, desto heller ist ein Objekt. Ein 3^m helles Objekt ist 2,512-mal heller als ein Objekt mit 4^m; die hellsten Objekte erreichen negative Magnituden (z.B. hat Venus etwa -4^m). Sterne bis 6^m sind mit bloßem Auge zu sehen – die schwächsten beobachteten Objekte haben etwa 30^m.

Maser
Abkürzung von „Microwave Amplification by Stimulated Emission of Radiation". Ein Maser verstärkt vorhandene Mikrowellen-Strahlung, so wie ein Laser sichtbares Licht verstärkt. Auch im Kosmos gibt es etliche sehr starke Maser-Strahlungsquellen, z.B. Wolken, die Wassermoleküle enthalten.

Microlensing
Gravitationslinseneffekt, hervorgerufen durch einzelne *Sterne*. Beim Microlensing fällt nur die Verstärkung der gelinsten Objekte auf; Bildaufspaltung und Verzerrung sind extrem klein und daher nicht beobachtbar.

Milchstraßensystem (Galaxis)
Unsere Heimatgalaxie, in der über 100 Milliarden *Sterne* und viel *Gas* und *Staub* in einer gewaltigen Scheibe von mehr als 100 000 *Lichtjahren* Durchmesser, aber kaum 2 000 Lichtjahren Dicke angeordnet sind. Unsere Sonne ist etwa 27 000 Lichtjahre vom Zentrum der Galaxis entfernt.

Molekül
Kleine Materieeinheit, die aus mehreren *Atomen* besteht.

NASA
National Aeronautics and Space Administration; die US-amerikanische Raumfahrtbehörde

Nebel
Sammelbegriff für Wolken aus *Gas* und *Staub* im Weltraum

Neutrino
Elektrisch neutrales Elementarteilchen, das – wenn überhaupt – nur eine sehr geringe Masse hat und im Kosmos in großen Mengen vorkommt.

Neutronenstern
Endstadium massereicher *Sterne* – ein kompakter Stern, der mehr als 1,4 Sonnenmassen, aber nur etwa 10 Kilometer Durchmesser hat. In einem Neutronenstern ist die Materie so dicht gepackt, dass die *Elektronen* in die Atomkerne gequetscht sind. Neutronensterne produzieren keine Energie mehr, haben aber meist ein intensives *Magnetfeld*.

New Technology Telescope (NTT)
Das NTT gehört zur Europäischen Südsternwarte (*ESO*) auf *La Silla* in Chile und verfügt über *aktive Optik*. Der dünne 3,5-Meter-Spiegel liegt auf 75 Stellmotoren (Aktuatoren), die ihn laufend in der optimalen Form halten. Das NTT ist mit seiner aktiven Optik, seiner Montierung, dem nicht mehr kuppelförmigen Schutzbau und der neuartigen, computergestützten Steuerung der „Prototyp" des *Very Large Telescope* auf dem Paranal.

Paranal
Neues *ESO*-Observatorium auf dem 2600 Meter hohen Cerro Paranal in Nordchile, 120 Kilometer südlich von Antofagasta. Standort des *Very Large Telescope*, das mit seinen vier 8,2-Meter-Spiegeln und einigen kleineren Spiegeln das leistungsfähigste Observatorium der Welt ist.

Perioden-Leuchtkraft-Beziehung
Bei den *Cepheiden* elementarer Zusammenhang, dass die Periode der Pulsation umso länger ist, je heller die Cepheiden leuchten. Nach einer lokalen Eichung sind die Cepheiden somit gute Entfernungsindikatoren für *Galaxien* in bis zu etwa hundert

Millionen *Lichtjahren* Entfernung (die beobachtete Periode ergibt sofort die Leuchtkraft und aus dem Vergleich mit der scheinbaren Helligkeit folgt die Entfernung). Allerdings gibt es bis heute keine genaue lokale Eichung.

Photon
Lichtteilchen; allgemeiner: das Quant der *elektromagnetischen Strahlung*

Planet
Nicht selbst leuchtender Himmelskörper, der einen *Stern* umkreist und von ihm beleuchtet wird; um die Sonne laufen die Planeten Merkur, Venus, Erde, Mars, Jupiter, Saturn, Uranus, Neptun und Pluto. Seit 1992 entdecken die Astronomen zunehmend auch Planeten um fremde Sonnen, so genannte *extrasolare Planeten*.

Planetarische Nebel
Sonnenähnliche Sterne blasen in ihrer letzten Lebensphase ihre äußeren Gasschichten in den Weltraum. Der vom Stern übrig gebliebene *Weiße Zwerg* regt die Gasmassen zum Leuchten an. Die irreführende Bezeichnung hat historische Gründe – die Nebel erscheinen im Teleskop als matte Lichtscheiben und ähneln damit entfernten Planeten, auch wenn sie mit diesen nichts zu tun haben.

Proton
Positiv geladener Baustein eines Atomkerns. *Wasserstoff* besteht nur aus einem Proton und einem *Elektron*.

Pulsar
Ein schnell rotierender *Neutronenstern*, dessen an den magnetischen Polen beginnende Strahlungskegel die Erde überstreichen, so dass wir das „Blinken" des Sterns sehen. Viele Pulsare rotieren einige Dutzend Mal pro Sekunde.

Quasar
Quasare sind die leuchtkräftigsten Objekte im Universum und sind somit auch noch über die größten Entfernungen zu beobachten (der Rekord liegt bei mehr als 12 Milliarden *Lichtjahren*). Vermutlich erzeugt ein extrem massereiches *Schwarzes Loch* im Zentrum die enormen Energiemengen, die ein Quasar abstrahlt (siehe *aktive Galaxien*).

Quasarabsorptionslinie
Dunkle Linie – quasi eine Lücke – im *Spektrum* eines *Quasars*, hervorgerufen durch Wolken aus *Gas* und *Staub* zwischen uns und dem Quasar, durch die das Licht des Quasars gelaufen ist.

Radioastronomie
Teilbereich der Astronomie, der die Radiostrahlung der Himmelsobjekte untersucht. Besondere Bedeutung hat die Beobachtung der *interstellaren Materie* und der *Moleküle* im Universum. Radiobeobachtungen lassen sich zu jeder Tageszeit und auch bei fast jedem Wetter durchführen.

Raumkrümmung
In der Allgemeinen Relativitätstheorie formulierte Idee, dass massereiche Körper den sie umgebenden Raum krümmen. Eine bemerkenswerte Folge davon sind *Gravitationslinsen*.

Röntgenstrahlung
Hochenergetischer Teil der *elektromagnetischen Strahlung*. Da die Erdatmosphäre die Röntgenstrahlung aus dem Kosmos absorbiert, sind die Astronomen auf Satelliten angewiesen. Röntgenastronomie spielt vor allem bei der Erkundung sehr energiereicher Prozesse im All eine Rolle, z.B. des heißen intergalaktischen Mediums oder der *Akkretionsscheiben* um *Schwarze Löcher* und *Neutronensterne*.

Roter Riese
Spätes, sehr leuchtkräftiges Stadium der Sternentwicklung, bei dem sich die *Sterne* weit aufblähen. Die Oberfläche kühlt sich dabei ab und erscheint daher rötlich. Auch die Sonne wird in etwa 5 Milliarden Jahren zum Roten Riesen.

Rotverschiebung
Verschiebung der Strahlung zum Roten hin (ähnlich dem Doppler-Effekt) in Folge der allgemeinen Expansion des Universums. Auf großen Skalen gilt: Je weiter ein Objekt entfernt ist, desto größer ist seine Rotverschiebung.

Scheinbare Helligkeit
die Helligkeit, mit der ein Objekt am Himmel der Erde erscheint

Schwarzes Loch
Endstadium sehr massereicher *Sterne*; diese Sterne fallen bei einer *Supernova* praktisch unendlich in sich zusammen. Die Materie wird dabei extrem dicht gepresst, bis die Anziehungskraft so stark ist, dass nicht einmal mehr das Licht den Sternrest verlassen kann. Schwarze Löcher sind nur indirekt durch ihre Anziehungskraft auf umgebende Objekte zu entdecken.

Spektrograph
Zusatzgerät eines Teleskops, um *Spektren* aufzunehmen

Spektroskopie
Untersuchung von Himmelsobjekten mit Hilfe ihrer Spektren

Spektrum
Das in seine unterschiedlichen Farben zerlegte Licht eines Himmelskörpers

Spiegelteleskop
Instrument zur Himmelsbeobachtung, bei dem ein Spiegel das Licht aus dem Kosmos sammelt

Staub
Winzige Materieteilchen von weniger als einem Tausendstel Millimeter Durchmesser, die meist Silikate oder Graphit enthalten und in der *interstellaren Materie* und in großen Gaswolken vorkommen. Der kosmische Staub entsteht in der abströmenden Materie der dünnen Außenschichten alter Sterne.

Stern (Fixstern)
Selbst leuchtendes kugelförmiges Himmelsobjekt, das aus Gas besteht und seine Energie durch Kernfusion erzeugt. Die Sonne ist der uns nächste Stern.

Sternhaufen
Räumliche Zusammenballung von *Sternen*; es gibt offene und kugelförmige Sternhaufen. Sterne eines Sternhaufens sind gemeinsam aus einer großen *Gas*- und *Staubwolke* entstanden.

Strahlung, elektromagnetische
siehe *elektromagnetische Strahlung*

Subaru
Japanisches Spiegelteleskop (8,3 Meter Durchmesser; erbaut 1999) auf dem 4200 Meter hohen Mauna Kea auf Hawaii. Das Teleskop arbeitet im optischen und im infraroten Licht.

Supernova
Spektakuläres Ende eines massereichen *Sterns*. Der Stern explodiert, schleudert seine äußeren Schichten in den Weltraum und strahlt für einige Tage heller als eine ganze *Galaxie*. Reste einer Supernova können *Schwarze Löcher* oder *Neutronensterne* sein. Supernovae sind sehr wichtig für die Entstehung schwerer Elemente.

Survey
Großflächige Himmelsbeobachtung, bei der die Astronomen möglichst viele der gesuchten Objekte in dem betreffenden Himmelsgebiet erfassen.

Synchrotronstrahlung
Elektromagnetische Strahlung, die in einem *Magnetfeld* beschleunigte *Elektronen* abgeben. In der Astronomie ist die Synchrotronstrahlung vor allem für den Radio- und Röntgenbereich bedeutend.

Urknall
Extrem dichter und unvorstellbar heißer Zustand, in dem alle Materie und Energie des heutigen Kosmos vereint war und aus dem unsere Welt vor ca. 15 Milliarden Jahren hervorgegangen ist. Seit dem Urknall dehnt sich das Weltall kontinuierlich aus.

Very Large Telescope (VLT)
Verbund von vier 8,2-Meter-Spiegelteleskopen und einigen Hilfsteleskopen auf dem Cerro Paranal in Nordchile, betrieben von der Europäischen Südsternwarte *ESO*. Das erste Teleskop ging im Mai 1998 in Betrieb, die ganze Anlage ist etwa 2003 vollendet. Das VLT ist auf absehbare Zeit das leistungsfähigste Teleskop der Welt. Nach der Fertigstellung wird es mit *aktiver* und *adaptiver Optik* betrieben, was für unerreicht scharfe Bilder sorgen wird.

Wasserstoff
Einfachstes und häufigstes Element im Universum. Nach dem *Urknall* lagen drei Viertel der Materie in Form von Wasserstoff vor. Ein normales Wasserstoffatom besteht aus einem *Proton* und einem *Elektron*.

Weißer Zwerg
Endstadium von *Sternen* mit weniger als 1,4 Sonnenmassen. Ein Weißer Zwerg ist nur etwa so groß wie die Erde; in ihm ist die Materie sehr dicht gepackt. Weiße Zwerge glühen langsam aus und erzeugen keine Energie mehr durch Kernfusion oder Ähnliches.

Weltmodell
Mathematisches Modell, das die Entwicklung des Universums beschreibt. Weltmodelle beruhen auf den bekannten Beobachtungen des Kosmos und versuchen, diese zu erklären.

WFI
Wide Field Imager; Instrument am 2,2-Meter-Teleskop (gemeinsam betrieben von *ESO* und der Max-Planck-Gesellschaft) auf La Silla. Der WFI hat ein Blickfeld der Ausdehnung des Vollmonds und ermöglicht somit recht großflächige Himmelsaufnahmen.